動線
規劃

櫃體
配置

家事
整理

6大空間
激效收納術

居家收納
設計全解 300
QA

◆隨時解決各式收納整理煩惱的生活常備書

◆好拿、好收、好整！第一本裝潢規劃與家事細節全精華

◆室內設計師與居家達人的私房密技總集結

Content 目錄

居家空間收納索引

兒童用品、書本、展示品、衣物、玩具→ P197

展示品、吊掛品、書籍→ P124

盥洗用品、衛生用品、清潔用品、待洗衣物、換洗衣物、毛巾→ P194

掃具、清潔用品、寵物用品、季節家電 P194

鍋具、杯盤碗筷、刀具砧板、清潔用品、家電、食材乾貨、調味品→ P94

衣物、飾品、化妝品、帽子包包、寢具、書籍雜誌、家電設備、嗜好收藏
→ P158

鞋子、衣帽、包包、雨傘、鑰匙雜物、信件帳單、展示品→ P25

杯盤碗筷、水果零食、食材乾貨、調味品、展示品→ P94

視聽設備、影音光碟、書籍、電器、行李箱、寵物用品、展示品→ P64

書籍雜誌、帳單文件、紙筆文具、電腦週邊、視聽影音、嗜好收藏、展示品→ 128

Chapter

01

ENTRANCE
玄關

用筆記下家中玄關的收納需求與空間形式，才能了解接下來的收納重點喔！

☑ 玄關收納核心評估

空間位置

- ☐ 門後
- ☐ 壁面
- ☐ 樑下
- ☐ 隔間牆
- ☐ 其它

櫃體形式

- ☐ 門片式收納櫃
- ☐ 抽屜式收納櫃
- ☐ 展示收納層架
- ☐ 其它

收納需求

- ☐ 鞋子
- ☐ 穿鞋椅
- ☐ 整衣鏡
- ☐ 衣帽
- ☐ 嗜好收藏
- ☐ 雨傘
- ☐ 鑰匙雜物
- ☐ 信件帳單
- ☐ 其它

PART 01

空間裝潢 篇

玄關銜接室內外空間，同時也是接待訪客的場所，最容易讓人對家留下第一印象，人們在此處不會多留，因此動線一定要流暢，能在此快速換穿鞋子、擺放包包是收納擺設時考量的重要原則。

Q.001

如何規劃適當的玄關空間？

A 從生活習慣與收納物件開始

適當的玄關收納空間須看全家人的生活習慣與物件收納量而定，俐落的落地式玄關櫃體，可以規劃成具備鞋櫃、衣物等綜合機能的收納空間，穿過的衣服、外套妥為收納，櫃體下方也可以設計雨傘架，即使陰雨天也不怕濕答答的雨傘把家中的地板弄髒。需要坐著穿鞋、出門前打理全身的人，也可設計穿衣鏡、穿鞋椅等，依使用動線作這一區的機能規劃。

玄關空間須視格局以及個人需求作規劃，配置鞋子、衣物包包收納區之外，也需要思考穿衣鏡、穿鞋椅等的必要性。圖片來源◎禾光室內裝修設計

Q.002

玄關空間該怎麼預估比較適合？

Ⓐ 以大門為設計的尺寸核心

玄關依附大門而生，空間規模需考量大門的門片旋轉半徑，在門片打開的範圍內都不可放置物品，一般門寬多為 100 ～ 110 公分，從大門至這個距離內都不可放置鞋櫃。若將鞋櫃放置在大門正面或側面，中間需預留 10 ～ 20 公分的空間；若放在門後，則櫃體要稍微往後退縮，另外也要注意到玄關櫃體門片是否有充分的開合空間。規劃玄關時，盡量先根據自身使用需求，比如需要穿衣鏡、需要懸掛包包和外套的衣帽架、需要穿鞋椅等，才知道該如何預留坪數做規劃。

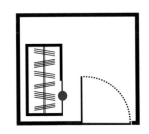

100~110cm
10~20cm

櫃子位於正面或側面時，門片旋轉半徑內不可放置任何物品。

櫃子位於門後時，玄關櫃體門片若無法充分開啟則需改為左右平移式的拉門。

Q.003

玄關的收納空間，應考量哪些重點？

Ⓐ 嚴守五臟俱全的原則

玄關空間雖然小，收納的東西通常是非常生活層面的瑣碎雜物。比如信箱中收到的待繳帳單和信件、進出門會用到的鑰匙、外出穿戴的包包、帽子、外套和鞋子等。這些日常小物大多收納在玄關處，營造生活便利性，因此玄關的規劃必須兼顧「麻雀雖小，五臟俱全」的設計方向，還要結合家人彼此間不同使用習慣，搭配合適的動線和收納設計，才能符合一家子的生活需求。

Q.004

沒有玄關如何收納？

A 一物多用的櫃體劃出區域

裝潢就像是魔法棒，可以創造無限可能性。因此即使家裡沒有玄關空間，也可以利用一些小撇步達到效果。比如當單層面積小而侷限，大門周邊完全沒有可規劃玄關的空間時，為了解決出入收納的問題，建議可以在進門處設置吊櫃，不僅能擺放鑰匙和鞋子，高低大小的造型也讓視覺上增加聚焦端景，使得玄關隱然成型。除了吊櫃，也可以在牆面上設置掛鉤，方便懸掛出門時會穿脫的衣物和包包，如果再增設一個小層架，就可以擺放鑰匙或一些零碎小物，方便性很高。

簡單的隔屏、吊櫃就能讓玄關出入有暫時性的收納空間。圖片來源ⓒ穆豐空間設計

Q.005

開放式的玄關如何設計收納櫃？

A 用櫃體劃出空間場域

開放的玄關空間，適合規劃頂天立地的收納櫃體，除了可以增加收納機能，同時具隔間效果，做為區隔空間的屏障。而收納櫃體的內部配置，不同家庭有不同的需求，有些人著重在收納鞋子，有些人傾向收納日常雜物，比如擺放衛生用品的庫存，採買回來後立即就可以收納在櫃體內，的確很方便。如果擔心頂天立地的收納櫃太壓迫，也可以規劃矮櫃，櫃體的頂部可以兼作平台收納小物，下方則是收納空間，同時不遮蔽視野，也是個好選擇。

Q.006

如何在有限空間下擴大玄關的收納量？

Ⓐ 調整大門方向善用角落

通常會建議依據屋子的格局狀態以及使用需求，來創造更大的收納空間，比如更改大門開啟的方向動線，並在玄關規劃高櫃增添收納機能。有時候也會考量原始開門方向，通常是擔心一入門即面對頂天高櫃，心理上壓迫感比較重，且形成陰暗死角，行走動線也不合理，這時候可以更改大門開門方向，調整為順暢的動線，一進門立刻感受開放式設計的開闊空間感，同時擴大了原有的收納量，增加生活的便利性。

Q.007

玄關走道如何活用才能創造最大收納空間？

Ⓐ 貼壁式櫃體偷取收納小空間

如果一入門就有個長形走道，這樣不方正的格局，的確在規劃上感到些許困擾，畢竟玄關櫃體是不可避免的設計，但過長走道又會讓人感到壓迫。為避免櫃體讓空間顯得狹隘，可以嘗試略帶造型的櫃體，並透過材質、色感及設計來解決問題。建議不要讓櫃體落地，局部規劃開放展示平台，可以用來放置其它物件，也可以藉由選擇鏡面、深淺色木皮變化，減少走道的壓迫感。

鞋櫃靠近門邊，延伸過去的櫃體則可以擺放日常雜物。圖片來源◎禾光室內裝修設計

Q.008

東西較多，如何避免玄關空間的壓迫感？

A 與天地壁融為一體吧！

並不是每個人的居家都崇尚極簡風，因此大多數人的居家空間都很重視收納。如果東西真的多到蔓延到玄關，為了避免視覺上的雜亂和壓迫，可以嘗試一些小撇步，比如櫃體盡量是淺色而且不落地，並且都做門片加以遮蔽，當然擺放的時候也要盡量保持整齊且分類清楚，當這樣裡應外合，就能維持玄關空間的整齊，看起來也相對不會讓人感到壓迫。也可以善加利用天花板空間，規劃一個稍微壓低屋高的收納夾層，大型東西可以收納在這。

頂天立地式的櫃子雖然收納量大，但也需要透過設計手法讓壓迫感減至最低。圖片來源◎穆豐空間設計

Q.009

玄關處穿衣鏡怎麼設計最佳？

A 正確估算出所需要的空間

穿衣鏡設計必須擁有足夠深度才能照到全身，因此若想在玄關設計一面鏡子，建議要設計或擺放在靠近門邊（面向室內）的一側，而非靠近室內的位置，以擁有足夠的深度，確保使用者全身都照到鏡子，達到鏡面設計的目的。常見的穿衣鏡通常設於壁面，或購買現成的落地穿衣鏡，有些市面上販售的穿衣鏡會附帶吊桿兼作衣架，經濟實惠且方便移動，靈活性高。

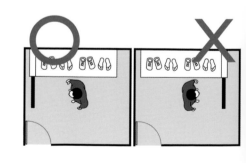

全身鏡需足夠深度才能照到全身，距離若不足鏡子僅能照到局部。

Q.010

想將玄關櫃體延伸至客廳，該怎麼設計最佳？

A 集塵區劃定玄關領域

玄關處向來是很重要的收納重點，設計的好，可以延伸至整個公共空間，反之如果設計不好，會中斷公領域的視覺延展性。通常鞋櫃的擺放位置不要離大門太遠，應在距離 120 ～ 150 公分的範圍內放置。另外，玄關處可規劃集塵區，在玄關與室內空間的交界做出 2 ～ 3 公分的高低落差，便於讓灰塵都集中在玄關處。

Q.011

兩面式的玄關牆怎麼設計最好用？

A 視兩邊空間方便使用的高度作調整

如果玄關的空間夠大，就可以規劃更大更充足的收納空間。當擁有完整的兩個牆面做收納櫃體，可以收納的幅度就更大了，建議單面做有門片的收納櫃體，具遮蔽功能的櫃體，很適合收納瑣碎小物。另一面牆壁可以視空間規劃開放式櫃體，空間看起來比較不擁擠。如果覺得整面的開放式櫃體視覺上容易雜亂，也可以只規劃一半的開放式，一半門片式作彈性使用。

一邊是玄關一邊是餐廳的雙面櫃，可視需要及人體高度作兩面的收納調整。圖片來源◎一它設計

Q.012

鞋子怎麼收比較容易拿取？

A 先算好層板跨距

通常設計層板跨距時，會以一雙鞋子公分的寬度為基準單位去規劃，例如想一排放進三雙鞋子，就可設計約 45 ～ 50 公分寬，以免造成只能放進一隻鞋子的窘境。如果要連同鞋盒一起收納，因為鞋盒寬度大多落在 15 ～ 18 公分右，深度多為 45 公分，因此若櫃子設計的深度不夠，鞋盒必須橫放收納，這樣則較占空間，因此建議規劃鞋櫃收納時，要事先計算一下。除此之外，建議鞋櫃的層架可以稍微傾斜約 30 度，方便拿取的同時也能一目了然。

Q.013

如何設計出兼顧使用機能和收納的玄關櫃？

A 從櫃內機能做規劃

高 220 公分、寬 180 公分大型落地收納櫃能夠展現較為多元的使用、收納機能，面向玄關的櫃面，可以切分成上下櫃，並結合穿鞋平台，化解整面密閉式設計的沉重感；而下櫃與吊櫃可以留出 50 公分，讓鞋櫃的檯面還能放置鑰匙或傳單等零碎物品。穿鞋椅與吊櫃間的間距至少約 105 公分為佳，這是基於坐下穿鞋起身的舒適度。此外，適度的照明作用，也有輕盈高櫃的視覺效果。

平台、抽屜、吊櫃、穿鞋椅及照明，都是玄關空間中承載的使用機能。
圖片來源◎禾光室內裝修設計

PART 02

櫃體設計 篇

常見的玄關櫃，通常是以收納出入時需要換穿、攜帶或卸下的物品，因此玄關櫃的組合涵括了層板、掛勾、抽屜和檯面，才能創造好收好拿的動線。

Q.014

玄關櫃的尺寸如何拿捏？

A 拿家裡尺碼最大的鞋子作量測

設計玄關櫃的時候，高度通常會視樓板高度而定，寬度則可以依據空間坪數進行劃分，而且櫃體的深度才是最重要的。建議拿家裡最大碼的鞋子長度來做基準，至於鞋櫃每層的高度，建議至少是一個鞋盒的高度。只是因為男女鞋尺寸不同，為了讓鞋櫃的運用更靈活，設計鞋櫃時，盡量讓層板是可活動式，這樣我們就可以依據不同高度來調整，小朋友或低矮的鞋子可以擺放在較淺的鞋櫃，靴子或高跟鞋則可以安置在高度較高的位置。

玄關櫃應開放式較好？還是封閉式？

Ⓐ 從空間及需求中作判斷

要看使用者的需求以及室內坪數而定。比如由於小坪數有使用上的限制，為了兼顧視覺開放感，可以側邊櫃體代替玄關，雙邊 L 型的封閉櫃體，可收納鞋子與大型雜物，搭配懸空的設計，可減輕入口處的櫃體笨重感。而封閉的隱藏收納櫃體，適合大坪數或一入門就是走道的空間，即使是一道收納牆也不要顯得太單薄無趣，可以透過門板的凹凸設計，打造視覺層次感，建議可以搭配推拉式五金，讓收納變得輕鬆方便。

活用凹凸設計可創造不同的櫃應機能。圖片來源©禾光室內裝修設計

旋轉鞋架該何時使用？

Ⓐ 當櫃體不合需求時

當鞋櫃櫃體有過深或過淺問題，因而讓收納量受限時，可在鞋櫃內加入「旋轉鞋架」，偏斜角度可以置放更多鞋子適用於淺櫃，深櫃則能設置兩面式，透過旋轉五金增加雙倍的收納，且同樣好收好拿。

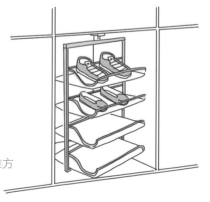

透過五金的機能設計，能收納更多鞋子。圖片提供©黃雅方

Q.017

玄關的收納櫃，該如何兼顧實用與美感？

A 機能、材質與造形都需考量

以居家的空間分配比例來說，玄關通常佔的面積較小，但收納的事項可不少。當東西種類多，視覺上容易雜亂，因此玄關的收納櫃，以實用面來說，建議可以規劃成開放跟封閉並存的櫃體模式。開放式的部分可以展示屋主的蒐集，封閉的部分，可以拆成門片式和抽屜式，依據合適的尺寸分門別類擺放。實用之餘當然也要顧及美觀，可以選擇較為美觀的門片，或是櫃體本身做造型，讓玄關的收納兼具實用與美觀。

Q.018

玄關櫃的基礎收納機能有哪些？

A 先想想出入大門的習慣

玄關的收納可以粗略區分為「鞋子、隨身物品、鑰匙、雨具」四大類，再依據不同需求延伸收納櫃體的分類。收納方式也可以依據櫃體的高度區分三個區塊，最上層的適合收納不常使用的物品，中間因為方便拿取，自然以日常使用的鞋子和物品為主，至於下層，可以擺放不常使用的鞋子或備用品。

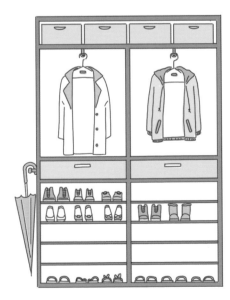

依使用的方便性規畫櫃體，易潮濕的傘可另外懸掛。圖片來源◎黃雅方

Q.019

玄關櫃還有哪些設計變化，有助於提升空間的收納效能？

A 注意防潮防臭、衣帽收納等用途

玄關櫃多放置出入居家最常使用的東西，基本會設計鞋櫃、置物櫃等。鞋櫃最要注意的就是櫃內的通風問題。建議可利用櫃門設計或裝上通風設備，讓空氣流通，鞋櫃內才不致有臭味。另外，穿過的大衣不想放進房間時，也可在玄關設計衣帽櫃，外出要穿時在門口直接取用更方便。而在天災頻繁的台灣，建議需預留放置急救包和手電筒的位置。如果鞋櫃的整體高度足夠，可利用活動式層板，增加層板數量，使收納的空間變多。

百葉式的櫃門設計或裝上通風設備，讓空氣流通，鞋櫃內才不致有臭味。
圖片來源◎禾光室內裝修設計

Q.020

玄關櫃該如何作分門別類的設計？

A 從收納物體開始思考

入門的第一個空間就是玄關，因此玄關可以說是一個家的門面，櫃體中不僅要具備鞋櫃機能，同時也能將穿過的衣服或外套妥為收納，櫃體下方更可規劃雨傘架，即使陰雨天，也不用擔心濕答答的雨傘把家中的地板弄髒，也可以規劃一個小抽屜，可以擺放鑰匙。像這樣妥善分配的分門別類收納方式，可以協助屋主養成隨手收納的好習慣，保持家中整齊。

Q.021

穿鞋椅要怎麼設計最不占空間？

A 強調一物多用的設計

玄關的穿鞋椅為了讓使用者方便彎腰穿鞋，高度多會略低於一般沙發的 40 ～ 45 公分，落在 38 公分左右，深度則無一定限制。如果空間狀況允許做到 40 公分深，建議可以趁勢結合鞋櫃，多增添一個收納空間。如果玄關真的很小，礙於現實的狀況不允許，折疊式的小凳子也是一個好選擇，不需要的時候可以收納起來放在牆邊，不占空間，或是利用五金配件，規劃一個釘在牆面上的穿鞋椅，需要時翻下來即可使用。

穿鞋椅高度多會略低於一般沙發，落在38公分左右較佳。圖片來源© 黃雅方

Q.022

鞋櫃該怎麼設計才能有最大收納量？

A 算好尺寸及需要充分運用每寸空間

鞋子依人體工學設計，尺寸不會超過 30 公分，除了超大與小孩鞋是特例。因此鞋櫃的深度一般建議做 35 ～ 40 公分，讓大鞋子也能放得剛好。如果要考慮將鞋盒放到鞋櫃中，則需要 38 ～ 40 公分的深度，如果還要擺放高爾夫球球具、吸塵器等物品，深度則必須在 40 公分以上才足夠使用。如果空間上允許，若能拉出 70 公分深度，可以考慮採用雙層滑櫃的方式，兼顧分類與好拿，層板可採活動式，方便屋主視情況隨意調整，保持靈活性。

Q.023

吊桿、掛鉤、層板怎麼配置最恰當？

A 收納物件的不同就有不同的運用

若有足夠空間，可在鞋櫃一側分隔出懸掛長傘的吊桿，並設計活動式的置物層板，放置摺疊好的雨衣及安全帽之類的物品，活動層板可依放置物品尺寸的需要來調整空間，若能再有個小抽屜更好，可用來擺放皮鞋的清潔護理工具、鞋油等。深度較淺的層板也適合玄關使用，放置小物或是小擺飾，一方面有收納用途，一方面可美化空間，增添生活感。掛鉤其實也是居家絕佳的收納小幫手，可懸掛收納很多瑣碎小物，像是折疊式雨傘、鑰匙、購物袋……等。

洞洞板式的玄關門片使用彈性大，能依需要懸掛或加設層板。圖片來源◎均漢設計

Q.024

玄關櫃的櫃門如何挑最符合空間需求？

A 依坪數大小和使用需求為主要考量

玄關櫃的櫃門，依照櫃體的尺寸和造型，會成為空間的視覺線條。櫃門的挑選，通常會依坪數大小和使用需求為主要考量，比如小坪數的空間，建議收納的櫃體盡量保持開放，或是挑選可透視的櫃門，像是透明玻璃、夾砂玻璃、毛玻璃等，維持視覺輕透感，空間比較不顯壓迫。櫃門的材質和顏色，也會影響空間的視覺感官，木質調的比較溫馨感，金屬材質比較剛硬現代。玄關處收納的物件和櫃體深度也會影響櫃門的五金配件挑選，如果櫃體較深，櫃門需要搭配較好的五金，才能增加使用便利性。

Q.025

當鞋櫃結合展示櫃，該怎麼規劃？

Ⓐ 開放與密閉之間做抉擇

玄關可以規劃頂天高櫃，主要做為鞋櫃收納，同時兼具公共空間的收納需求，比如高約 230 公分，寬度約 180 公分的高櫃，可將收容量最大化。櫃體可以利用系統櫃結合木作的方式，嵌入開放式展示櫃，藉此變化櫃體表情，同時可展示收藏並輔助欠缺的收納機能。只是高櫃雖能滿足收納需求，卻容易產生壓迫感，櫃體可以選擇淺色並且刻意不做滿，在櫃體上面鏤空 30 公分，下面鏤空 20 公分，以營造量體輕盈效果。也可以利用多功能吊櫃的方式，整合鞋櫃、電視櫃、書櫃等多元機能，懸空式設計在於透氣、輕巧等功能，兼具展示功能。

Q.026

如何彈性運用玄關牆面空間？

Ⓐ 孔洞、貼壁式櫃、層架都適合

小空間裡，應該選擇減少使用制式化櫃體，改以吊掛或可靈活擺放的方式來應對。玄關可使用含有收納功能的玄關椅，另一部分則是以木板作為壁面的表面材，更在上方鑿些孔洞，孔洞中則又可以再結合木質掛件與層板，就能吊掛包包、帽子或擺放鑰匙等生活小物，除了有收納功能，也可藉由生活中的各式物品以及衣服配件等來裝飾空間，讓家更貼近自己的味道。也可以規劃深度較淺的壁掛式收納櫃，尺寸不用太大，避免空間感壓迫，同時能收納生活用品，像是衛生紙、衛生用品等生活必需品。

有趣的造型掛勾能讓玄關處的牆面擁有更大的收納機能。圖片來源◎北鷗室內設計

減少玄關帶來的壓迫妙招

1. 鞋櫃與展示隔屏玄關

利用地板建材材質的變換，並在入門旁做出區隔空間的鞋櫃，再用水紋玻璃延伸出展示隔屏，用來擺放盆栽或收藏品，一樣能具有玄關的效果。

2. 透視玄關隔屏讓視覺穿透

玄關不一定非得要封密式不可，可以用茶玻，或鏤空造型隔屏代替玄關櫃，一樣能營造出玄關區，又不會讓人感覺太過壓迫。

3. 造型窗花玄關創造隔屏

造型窗花也很適合做為玄關隔屏，還可用與窗花相近的木材，在隔屏下面做個玄關半高櫃，再加上古典造型的銅片把手，就能兼具美感與實用性。

4. 玄關端景凝聚視覺焦點

太過窄長的玄關，可以在入門末端壁面做上矮櫃，再掛幅畫就成了玄關端景，輕鬆地營造出玄關的氣氛。

5. 運用側櫃及鏡子放寬空間

一般入門玄關的深度約 120 ～ 150 公分，若超過會覺得玄關太長，這時可以在旁邊做上懸吊式的鞋櫃兼展示櫃，來分散視覺的注意力。另外，還可用鏡子來放大玄關的寬度。

6. 提升玄關空間明亮度

色彩呈現最好運用淺亮色系，也可在大門邊牆鑲上玻璃、玻璃磚，或規劃天井、善用鏡子與穿透建材材質，來引渡室外採光，增加玄關空間的明亮度。

空間有限的玄關可考量使用上下式櫃體，讓空間向上延伸。圖片來源◎北鷗設計

PART 03

收納物件 篇

有限的玄關空間應以常穿的室內外鞋為收納核心，以鞋作為收藏、擁有大量鞋子的人，得挑選大容量的櫃體，或另外置放；其餘瑣碎物件如鑰匙、信件、紙筆等就需要擺在觸手可及、易於拿取的位置。

Q.027

玄關處的鑰匙該怎麼收納？

A 適合放置於較淺的抽屜中或懸掛

鑰匙最適合的收納地點，自然是玄關，因此玄關處的收納櫃形式不論是木作、系統或現成鞋櫃，都建議可以規劃結合一小面平檯，或是利用深度較淺的層架，充作小物收納集散地，比如擺放鑰匙或收集信件、傳單等，也可以用作展示收納。如果能夠有抽屜當然更好，鑰匙建議擺放在固定抽屜的固定某處角落，尤其家中有養寵物的居家，比如貓咪最愛跳躍到空間各處，擺在抽屜裡就不用擔心鑰匙被撥落且被玩耍到不知名的角落。

Q.028

信件及各式小物怎麼收納最一目了然？

A 收納小物可作輔助

居家難免會收到各式各樣的信件，有些是廣告信函，有些是待繳費用或私人信件。建議可以先依照信件的不同性質做分類，準備一個有分頁的 L 型文件夾，在每一頁上標註分類項目，收到信件時就可以按序置放。如果空間足夠，也可以擺放數個盒子，一樣在盒子上標註分類品項，收到信件後再加以歸類。生活中其實有許多小物可以利用，可以幫助收納更有秩序性。有些信件或帳單如果是近期需要處理，時效較趕，可以擺放在玄關的明顯處，每天進出門的時候提醒自己盡快處理。

擺放數個盒子，在盒子上標註分類品項，玄關處的信件小物都可依此歸類放置。圖片來源© Lily Otani

Q.029

玄關處怎麼規劃暫時性的放置空間？

A 順手的位置作簡單空間

雖然居家並非每天都有訪客，但如果可以將客人來訪時的需求考量進去，相信會讓客人有種賓至如歸的舒服感。比如玄關處的櫃體，可以規劃從天花板延伸而下的吊櫃做為鞋櫃機能，下方空間可以依據使用習慣，擺放臨時托放的鞋子以及常用鞋子，中間處建議可以做抽屜，抽屜上方的平台正好可放置門口小物，最上方的空間正好可以利用為衣帽櫃，吊掛外出衣物之外，也可放置客人來時的外套皮包等，建議衣帽櫃的深度可以做 60 公分，方便收納冬季外套。

Q.030

拖鞋要如何做順手的收納？

Ⓐ 門邊順勢放置的位置

室內拖鞋跟外出鞋一樣，都是出入時會穿脫的鞋子。拖鞋通常會將兩隻腳上下插放做收納，而且為了方便拿取，最好擺放在離玄關最近的位置，比如可以收納在櫃體裡整齊擺放，也可以採疊放方式。壁掛式拖鞋收納架也是一個選擇，將每一雙拖鞋都插放在壁架上，擺放整齊，可以維持室內的視覺整齊美觀。如果拖鞋的數量較多，也可以準備一個籃子，將每一雙拖鞋都安置在內，這樣的擺放方式，多了一分生活的隨意感。

Q.031

風衣外套可以有不雜亂又順手的收納嗎？

Ⓐ 活動式衣架可彈性使用

外套的收納不外乎就是掛起來或摺好，尤其天涼的時候，外出都會穿著風衣或外套，當入門後最順手的收納就是大門邊有吊衣桿或衣帽架，可以順手懸掛。如果實在沒有空間擺放，可以在壁面釘壁掛式衣架，既節省空間實用性質又高。當衣架懸掛常用的風衣外套之餘，備用的可以折疊收放在玄關櫃內或臥房的衣櫃裡，保持僅有一件懸掛，其餘都收納起來，就不會讓玄關處因為掛滿外套而看起來凌亂。

開放式的掛架或掛鉤，比起封閉的櫃體更便於使用。圖片提供◎集品文創

Q.032

雨傘該怎麼收納最方便？

Ⓐ 增設水盤且注意通風

雨傘收納可分為室內與室外兩種。室內櫃通常跟鞋櫃整合，考量到鞋櫃多為夾板材質，最好還是等雨傘晾乾後再放入，輔以不鏽鋼接水盤預防潮濕。室外陽台處則可用防水材質做傘櫃，回家後可以直接掛入晾乾。而且雨傘不論摺疊傘或立傘，收起來體積雖然都不大，但如果不收納好，視覺上容易顯得雜亂，因此可以將櫃體整合牆面設計，規劃一個深度約 15 ～ 16 公分（含門片距離）的雨傘櫃，既不影響空間，大小不一的雨傘也能被收得漂漂亮亮。或是在壁面釘製掛鉤或壁掛式衣架，可以收納衣物以及懸吊雨傘。

將櫃體整合牆面設計，規劃雨傘收納區，可讓空間更充分運用。圖片來源 ©摩登雅舍室內設計

Q.033

濕鞋子和濕的外套或雨衣，該怎麼放置？

Ⓐ 務必要充分乾燥再收整

潮濕的鞋子、外套和雨衣，一定要避免直接放入櫃子裡，當濕氣還存在時很容易導致鞋子和衣物發黴和發臭，尤其是潮濕的雨衣，沒有晾乾就收起來就會有難聞的臭味。因此濕的衣物和鞋子，可以先懸掛和擺放在陽台，如果居家內沒有陽台，建議入門後先懸掛在玄關處，等待乾燥後再收拾起來。但因為潮濕的雨衣可能會滴水，下方可以鋪一塊毛巾或抹布吸水，尤其是鋪木地板的空間，可避免囤積的濕氣破壞了地板。

Q.034

鞋子一定都要放在玄關處嗎？

A 少穿的鞋子可另外收整

要看空間的坪數和格局而定。如果沒有適合的空間可規劃大鞋櫃，避免空間過於壓迫擁擠，可以將玄關櫃體延伸到其他空間，比如離玄關最近的客廳，然後藉由整合鞋櫃和客廳視聽櫃，來達到擴充收納的機能。

避免空間過於壓迫擁擠，可以將玄關櫃體延伸，甚至與其它空間作串連。圖片來源©福研設計

Q.035

如何避免鞋櫃易發臭、潮濕等問題？

A 從櫃體門片作變化

鞋櫃的櫃門最常見的是使用百葉門片，目的是為了要通風，但也不是門片有空隙就代表通風順暢，還需要考慮到對流。為了讓新鮮的空氣能從外部流入鞋櫃內的異味空氣及潮氣同時能排放出去，建議櫃體的背部也有規劃洞孔，當前後方都有縫隙，有助於櫃體內部的通風。再來，鞋櫃下方建議做懸空設計，可置放進屋時脫下的鞋子，讓鞋子先透透氣再放進鞋櫃，尤其下雨天的濕鞋子也可暫放在此，也可擺放拖鞋，方便回家後穿脫，而鞋櫃懸空的高度，建議離地 25 公分為佳。

Q.036

好找好收的大型鞋櫃如何設計規劃？

A 充分觀察全家人的使用習慣

如果櫃子量體的高度比例沒有拿捏好，很容易造成空間壓迫感。一般來說，通常會在玄關處規劃大面收納櫃，建議可以將櫃體懸空，空間才不會顯得過於壓迫，因系統櫃的施工快速，如果沒有特殊需求規劃，可以用系統櫃取代木作。

平移式雙層櫃可藉著櫃體移動讓收納量倍增，適用於空間有限但鞋量大的家庭。圖片提供◎黃雅方

Q.037

高跟鞋、長靴如何收納？

A 輔助物件更利於收整

高跟鞋多的人，鞋櫃內可以規劃成斜板加上不鏽鋼桿，讓每一雙鞋可以勾著擺放，優點是能一目了然鞋子的樣式，容易挑選，但缺點則是太占空間，可放置的鞋子數量不多，除非加深櫃體的深度，衍生為雙層櫃形式，收納量就能翻倍，因此在決定設計方式前，務必考量清楚，評估預計放置的高跟鞋數量，以及考量空間的大小，再來決定櫃體的形式。如果鞋子種類中也需要收集高筒靴，可以將櫃體高度調整為 30 公分，並採用可調整的層板，未來可視情況調節，至於層板高度，可以暫時設定在 15 公分左右，高度未來可根據鞋子種類做調整。

Q.038

玄關櫃的鞋櫃應內部如何規劃？

A 算好長度就不浪費空間

鞋櫃內鞋子的置放方式有直插、平置、斜擺等方式，不同方式會使櫃內的深度與高度有所改變，但通常在鞋櫃的寬度上，一層至少要以能放 2 ～ 3 雙鞋為設計考量，千萬不要出現只能放半雙（也就是一隻鞋）的空間，這樣的設計是最糟糕的設計。鞋櫃的深度，為了方便拿取和整理，建議是以擺放一雙鞋的深度為主，而且要以家中居住成員鞋子尺寸最大的人為參考數值，如果需要收納的鞋子數量較多，深度就再乘以 2。

Q.039

如何活用小物件增加收納空間？

A 依載重力作選擇

收納除了交給收納櫃之外，其實也可以善用周遭生活小物，比如掛鉤可以吊掛雨傘、壁貼式橫桿的縫隙可以收納拖鞋、長尾夾可以將傳單、信件等收納在一起。至於這些小物要如何相容在玄關空間，可以視空間狀況而定。如果空間較小，或許可以直接和壁面做結合，擴充小空間的運用性；如果有規劃收納櫃，則可以和櫃體做結合，增添收納櫃的利用價值。其實很多小物都能再做利用，例如買貼身衣物的袋子，面積較小，可以用來收納發票之類的小物，都是聰明收納的妙方。

運用輕型格柵或掛勾能增加一整面牆的懸掛量，帽子、外套等也都能收於此處。圖片來源◎集品文創

PART
04

整理心法 & 佈置 篇

玄關處的物件其實並不複雜，麻煩的是一進門習慣性隨手放置造成的混亂，最好建立這一區域最順手的收納系統，同時預留暫放區，擺放鑰匙、繳費單甚至零錢發票等。

Q.040

內鞋外鞋怎麼收納最順？

A 依出入動線作安排

無論是外出穿的鞋子或室內拖鞋，穿脫最方便的地方一定是大門處，只是看外鞋要放在外面或是擺放到室內，而拖鞋自然是在室內穿脫，所以收納在室內最方便。至於外出鞋，如果可以安置在室內最好，收納比較方便而且容易整理清潔，如果室內空間實在沒有擺放鞋櫃的位置，建議要挑選有門片的鞋櫃放在大門外，可以維持鞋子的整潔度。因為怕室外的空間較為潮濕，如果門片是能通風的百葉扇最佳。

Q.041

電費水費信件總是放著就忘了處理，應該如何避免？

A 顯眼位置可幫助記憶

建議可以將待繳和已繳費用單分開收納，待繳信件可以在壁面設立一個收納處，只要從信箱拿到，就直接插放在這裡，最好離入門處愈近愈好，方便隨手插放和抽取，每天進出門的時候，都能提醒自己記得要繳費用。而已經繳清的帳單，通常會存放一段時間，以避免發生帳務問題時，需要代繳憑證單以茲證明，因此建議固定收納在一個抽屜或盒子內，每隔一段時間再加以整理。

市面上不少輕型立架都是可以運用的素材，不僅能收納較薄型的紙張，所附掛勾亦能收納各式鑰匙。圖片來源©集品文創

Q.042

常常發生出門前找不到鑰匙，該怎麼辦？

A 固定放在看得到的地方

鑰匙的體積雖小，卻是日常中很重要的物件。因此應該好好檢視自己的生活習慣，再依據生活習慣，規劃一個收納鑰匙的去處，比如懸掛在壁面，或是收納在抽屜裡。為了預防萬一，家中最好有一到兩份備用鑰匙，一樣最好是收納在家中某個固定角落，以備不時之需。

空間裝潢　｜　櫃體設計　｜｜　收納物件　｜｜　整理心法 &佈置

Q.043

如何建立客人進出不凌亂的動線？

Ａ 釐清玄關處的動線邏輯

動線的規劃與空間的配置有關，建議先釐清玄關處的收納邏輯，比如客人一入門要先脫鞋更換室內拖鞋，接著客人的包包和衣物放置在哪個位置比較合適，先建立一個收納邏輯後，再依此規劃收納櫃。這樣的收納邏輯最好是依照自身的喜好，畢竟家中並非天天有朋友到訪，但收納櫃是自己天天要用到的。至於朋友來訪後，身為主人的自己可以善盡指揮的義務，協助客人將包包和衣物安置到玄關處的收納櫃裡。

Q.044

如何整理才能讓玄關看起來更清爽？

Ａ 搭配高 CP 值的機能櫃作收納

想要讓玄關看起來清爽，收納機能以及用色，是兩大關鍵因素。淺色系或木作，對視覺感官都具有一定影響，再來就是玄關的收納，必須做好收納分配，而且確實進行，才能保持空間的整潔。除此之外，透過設計也可以調整空間的輕盈程度，櫃體的造型盡量俐落明快，讓玄關空間的視覺保持清爽。

除了內部分門別類的收整之外，玄關櫃面亦適合選用淺木色櫃門，讓立面看起來才清爽。圖片來源◎北鷗室內設計

Q.045

拿出來就懶得放回去該怎麼辦？

Ⓐ 規劃出順暢的動線就好收

收納櫃不夠用，通常是因為收納的動線沒有規劃好，不符合自己的生活作息，因此基本上要先釐清自己的收納習慣，才能規劃合適的收納規劃。比如鑰匙一定要放在抽屜裡；外出包包有適合擺放的位置；冬天如果習慣圍圍巾，玄關處最好有吊掛圍巾和外套的掛鉤；日常必需品像衛生紙、廚房用紙巾、垃圾袋等放在玄關的收納櫃最順手，一回家就可以填充進櫃內。當配置好自己的收納習慣，每個物件就有了合宜的歸處。

依動線作收納，就無需擔心會有懶得歸於原位的煩惱。圖片來源◎翎格設計

Q.046

鞋子數量相當龐大如何收整？

Ⓐ 依體積大小與使用頻率整理

建議可以規劃櫃中櫃來滿足收納。比如鞋櫃結合電視櫃的設計，讓整個電視櫃打開後隱藏了有如更衣室一般的鞋子收納空間，如果空間允許，最高可以建立到 4 個立面收納鞋子。再以活動層板做為鞋櫃的分隔，根據鞋子種類來調整需要的收納高度。層板高度建議至少 15 公分，適合收納平底鞋如果有長靴或高跟鞋，層板的高度也可微調。

Q.047

玄關櫃與出入口的距離幾公分最恰當？

A 120 至 150 公分以內的範圍為佳

通常鞋櫃的擺放位置自然不要離大門太遠，穿脫鞋才方便，應在距離入口 120-150 公分以內的範圍內放置為妥。若是狹長型玄關，鞋櫃的最適位置會是在大門的兩側。如果空間允許，最好增設穿鞋椅。玄關處也可規劃為集塵區，在玄關與室內空間的交界做出 2.3 公分的高低落差，便於讓灰塵都集中在玄關處，外出的髒污才不會帶進室內。

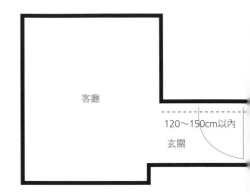

鞋櫃的擺放位置應在距離入口 120-150公分以內的範圍內。插畫 ©nina

Q.048

如何讓玄關看起來整齊不雜亂？

除了地上櫃體外，門後、牆面都是可以利用的空間，運用吊掛架可增加壁面收納。圖片來源©集品文創

A 化零為整去除複雜線條

在距離門口處不遠的對講機、電箱等，是空間中不夠美觀卻不可避免的物品，這時，可在此區設計收納櫃，不但能將這些醜醜的設備隱藏起來，也多了收納空間，比如可隨手放鑰匙、雨傘、不常穿的鞋子等物品，同時彌補了鞋櫃空間不足的問題。如果想在鞋櫃旁增加衣物吊掛空間，為了視覺平整性，並受限空間深度，此類櫃體多會配合鞋櫃深度（40公分），衣物收納，可以改為正面吊掛方式，面寬最好不要少於 60 公分，並注意絕對要與鞋櫃分隔門片，以防鞋子的臭味染到衣服上。

Q.049

如何預防櫃內鞋子發黴？

A 做好完善的濕度控制

鞋櫃內若規劃放置吊掛雨傘的區塊，使用過的雨傘最好陰乾後再放入櫃中，如果一定要將濕傘直接放進鞋櫃裡，除了櫃體要選擇防水板材，建議櫃門一定要是能保持通風的百葉扇形式，鞋櫃的背板也有幫助通風的洞孔設計，有利於空氣流通。或是先用抹布將潮濕的鞋稍作擦拭，也可以降低鞋櫃內囤積水漬。

選擇有濕度控制的櫃體，可嚴格作把關預防潮濕發黴。
圖片提供◎演拓空間設計

Q.050

如何運用層板調整鞋櫃的收納？

25cm

斜層板式鞋櫃可自己加工，不過需要設計擋板以免鞋子滑落。圖片提供◎黃雅方

A 層板斜放收納更增量

鞋櫃深度通常以基本深度 40 公分最佳，深度不足的櫃體，就需要層板斜放的設計，這樣一來即使櫃體只有 25 公分深，也能收納。高度的部分，依照每個人喜好的鞋子高度而各有不同，女性的鞋櫃同時必須兼納長靴、短靴、高跟鞋和拖鞋等，每個種類收納需求的高度都不同，可依高度拿掉層板收納。

如何更活用玄關區域的收納空間？

Ⓐ 造型櫃體增大收納

相較於其它工程費用，不管是木作、系統或現成傢具，櫃體通常都是最花錢的，但規劃收納櫃時，很多屋主常常會有種迷思：「要做很多的櫃子，才能放得下未來會增加的物品。」但卻沒想到是否有足夠的空間和實際的需要。因此，要先審視自己現有的物品清單以及未來購買需求，才能幫玄關處規劃出最適宜的櫃體數量。如果空間夠大，當然也可以增設大衣帽櫃，擺放衣物、包包和外套，或是已經穿過，暫時不打算洗的衣物，一併集中此處。

雙面式的櫃體由於採雙邊收納，一櫃兩用，也是提升收納容量的好方法。圖片來源©觀林設計

收納矮櫃可以怎麼利用？

Ⓐ 小抽屜立大功

除了放鞋子外，玄關還常常會需要收納一些印章、鞋油等日用雜物，因此在鞋櫃設計上，建議可以規劃一下讓高度較低的抽屜，作為這些雜物的收納空間。除此之外，低高度的收納櫃也很適合收納已繳費的帳單，畢竟帳單最好短期內不要丟，以防突然有對帳的需求。日常生活中收集的明信片、報章雜誌的簡報、紙袋等扁平狀收納物件，或是不常使用但必備的醫藥用品，比如感冒藥、優碘、OK 蹦等，都可以收納到低高度的收納櫃裡。

Q.053

鞋櫃裡除了鞋子，還能收納什麼？

A 從穿鞋前後的動作發想

雖然一般人都會把襪子收納在衣櫃裡，但是其實就使用動線而言，穿襪子的原因就是為了穿鞋，所以不妨將兩者都規劃在玄關，需要時可以直接拿取，省略掉特別從臥房拿到玄關的動作。另外，如果其實鞋子的數量不多，鞋櫃也可以兼作日常的備用收納空間，比如雖然不常用但家家戶戶都必備的工具箱、清潔鞋子需要的鞋油和刷子、備用傘具、備用雨衣、備用鞋帶或鞋墊等，都是很適合收納在鞋櫃裡的物品。

除了鞋子，透過收納櫃不同的心機設計，也能收納行李箱、書本等物件。圖片來源©摩登雅舍設計

Q.054

如果家中有長者，玄關處的收納要注意什麼？

A 保留適當的迴旋空間

可以將櫃體與玄關動線串連，進入家中就能沿著動線順勢收納。建議櫃體前方的過道至少留出 120 公分以上的迴旋空間，即便家中有長者坐著輪椅，也能方便進出。在空間深度足夠的情況下，櫃體上方可設置吊衣桿，方便暫放大衣或外出包，下方則運用抽屜分門別類。而上方空間的吊衣桿，建議設置把手，讓長者坐著也能拿取，最下方的抽屜則可使用特殊五金，無需彎腰，腳一踢就能開啟，對長者來說也是相當便利。

滿足全家人的鞋收納
一目了然整理術

鞋子可說是玄關處最大宗的收納物，能夠建立全家人收納鞋子的最佳動線邏輯，就能解決玄關混亂的問題。

諮詢顧問◎收納教主廖心筠　圖片提供◎黃雅芳

該怎麼分類鞋子？

鞋櫃收納的重點就是「分類」，可先將全家人各自的鞋子分出，再依照「使用頻率」分類，包括常穿的鞋子、偶爾穿一次、很少穿的、特殊場合才需要穿的及非當季的鞋子，少穿、非當季的鞋子可收納在櫃子最上層，或考量玄關空間不足時，放置於其它地方保管。

大量的鞋子該怎麼收？

人只有兩隻腳，但偏偏不少人擁有的鞋子數量之多，好比蜈蚣，當進行了初步的分類後不難發現，少穿、非當季的鞋子佔了絕大部分，想要在大量鞋子中進行收納，就要以高度及款式作整理，再調整收納櫃體每層的高度，就能讓櫃體的容納量發揮到最大值。

全家人共同的鞋櫃玄關櫃如何一目了然作整理？

當全家人各自的鞋子做好分類後，就能依照不同成員規劃收納的範圍，小朋友的身高較矮，鞋子自然小於爸爸媽媽，可以置於下層，也最方便小孩取用和置放，大人的鞋子分不同成員各自放置，每一層架鞋子高度要保持一致為佳。

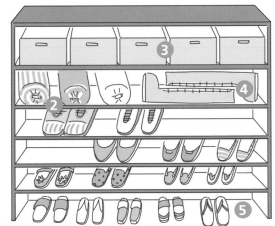

① 鞋盒用來收納雜物

鞋子周邊物件如鞋油、刷子、三秒膠等既零碎又少用，沒有收拾好就會散亂在各區，收起來又容易找不到，這類物品還是置於鞋櫃最佳，但適合用鞋盒收納，各式折傘也適合集中置於鞋盒中。

② 束口袋增加鞋收納

比起鞋盒，束口袋或網袋更省空間，開口處還能看到裡頭的內容物，是提升櫃體收納效能的妙招，適合一次收納客人用拖鞋、全家人的海灘鞋、夾腳拖，或是各種特殊場合鞋。

③ 各式盛裝不同小物的鞋盒

考量使用頻率，可以置於櫃子最上層或最角落，但最好能在盒子表面貼上標籤方便識別。

④ 長靴、雨靴的收納

比起直立擺放，長靴橫放其實更節省空間，只要左右腳上下反過來擺放，就能善用層板空間，達到節省空間的效果。

⑤ 拖鞋放於最下方

拖鞋在家中的穿脫頻率最高也是玄關的一大「亂源」，適於擺在開放的地方，有些櫃體的懸空設計，就有利於拖鞋的擺放，如果沒有開放式收納，也務必擺在最便於穿取及放回的地方，以避免凌亂的脫在玄關處。

Chapter

LIVING ROOM
客廳

02

用筆記下家中客廳的收納需求與空間形式，才能了解接下來的收納重點喔！

☑ 客廳收納核心評估

空間位置

- ☐ 壁面
- ☐ 樑下
- ☐ 柱間
- ☐ 隔間牆
- ☐ 窗檯臥榻
- ☐ 起居空間
- ☐ 其它

櫃體形式

- ☐ 門片式收納櫃
- ☐ 抽屜式收納櫃
- ☐ 展示型收納櫃
- ☐ 開放式收納層架
- ☐ 洞洞板收納牆
- ☐ 格柵式收納牆
- ☐ 其它

收納需求

- ☐ 視聽設備
- ☐ 影音光碟
- ☐ 書籍
- ☐ 收藏展示品
- ☐ 電器設備
- ☐ 行李箱
- ☐ 寵物用品
- ☐ 其它

PART 01

空間裝潢 篇

客廳常是全家人共同活動、放鬆休憩的地方，同時也是招待賓客的場所，依屋主和家人成員的個性喜好與生活習慣，往往會衍生出完全不同的空間配置，不妨先思考你的客廳需要什麼功能，再去作適切的裝潢。

Q.055

客廳的窗邊是否能被利用為收納空間？

A 上掀櫃讓客廳再多了收納

很多老房子轉手售出時，原有的陽台很可能已經是陽台外推，收納為室內坪數，窗邊的地面通常會有高低差，建議可以將原本是陽台位置的地板墊高，設計為臥榻，既省了整地的費用，下方可以做收納櫃使用。依取用的方便性設計，建議可做上掀式門片及抽屜，如果客廳與陽台間有樑柱結構，也可以做深度較淺的收納櫃擺放小物件。善用空間現有條件來強化收納機能，也讓多機能的概念，整合屋主所需要的收納功能。

Q.056

如何選擇適合的電視牆櫃組合？

A 百搭材質最合用

一般來說，在強調整體風格的公共空間（如客餐廳），或狹小難解的空間，多會以造型變化性高、木皮選擇多樣化的木作櫃，來打造空間風格；如果強調的是收納機能、講求實用更勝於風格形塑，通常會需要搭配許多的抽屜、五金或層板，若選用木作櫃的話，在價格上則會高出不少，可利用系統櫃的制式組合，來滿足使用者需求，價格也會相對便宜。

Q.057

客廳電視牆有哪些基本收納類型？

A 嵌入式、開放式或封閉式

電視牆收納常見的設計手法有嵌入式、開放式或封閉式。嵌入式的電視牆設計可增加空間整體感，彷彿是結構的一個部分，但可收納空間有限。收納良好的電視牆通常採開放式或封閉式設計，開放式櫃體可兼展示櫃，封閉式則利用門片維持視覺整齊，當然，擺放電視的部份，也可以選擇活動門扇，在不需要看電視的時候關起櫃門，將電視藏起來，空間看起來更加簡潔。

活動電視門可以讓空間表現更有彈性，不失為聰明的設計方法。圖片提供◎優士盟整合設計

空間裝潢　櫃體設計　收納物件　整理心法
&佈置

客廳裡的畸零空間該怎麼應用？

A 化零為整作成迷你儲藏室

有些房子尤其是中古屋，常在隔間後有畸零空間產生，像是三角屋、長形屋、夾層屋等，常有些不知該如何是好的空間，建議可以將這些地方設為儲藏空間，讓房子更方正，同時也創造更多收納空間。比如利用空間內延伸而出的畸零區域，作成頂天立地的大型收納空間結合電視牆，不僅讓電視牆呈現錯落立體的視覺，深度高達 70 公分的收納櫃，適合放置大型家具，如健身車、嬰兒車等，也適合收納餐具、廚具、家電等。也可視需要調整層架空間，將難以收納的物品通通化繁為簡，全面隱藏。

本案由於樓高較高，設計師在電視牆後方埋下了心機收納，充分運用每寸空間。圖片提供 ◎構設計

Q.059

客廳的牆面轉折處該怎麼做收納？

Ⓐ 弧形櫃、層架等各憑巧思

很多人做室內的收納櫃體時，都會避開牆面轉折處，覺得不好利用，其實轉角很適合做角櫃，不但不浪費空間，還能添加角落美感，同時滿足收納需求。尤其是空間內不規則的牆角凸起處，更適合規劃為收納櫃，把原本讓人頭痛的空間畸零處扭轉成重點角落。至於轉角處的牆角隔板，有很多種形式，長方形、三角形、扇形或是順應牆角走向的 90 度層板，端視需求做挑選。

Q.060

如何設計便於收納電視影音設備的空間？

Ⓐ 掌握尺寸量身訂做

市面上各類影音器材的品牌、樣式雖然多元化，但器材的面寬和高度其實相差不多。設計手法建議可以在電視下方打造電器收納櫃，電器櫃上方的平檯空間，則可用來擺放展示品。視聽櫃中每層的高度建議約 20 公分、寬 60 公分，深度則抓在 50～60 公分，遊戲機、影音播放器等都可收納，也可以再添加一些活動層板等，留待未來有需求時可以調整層架高度和數量。

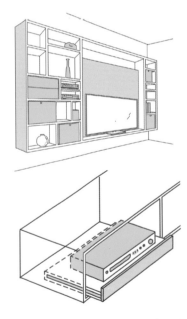

電視影音櫃體高度建議約20公分、寬60公分，深度則抓在 50～60公分。圖片提供◎黃雅方

Q.061

電視牆面的收納需要考量哪些重點？

A 著重展示與收納兩大機能

客廳內的電視牆，建議可以規劃大型櫃體，集合所有收納機能，造型上可以利用同步層板、玻璃門板或高矮櫃等組合，豐富造型且涵蓋收納和展示，節省空間的同時也增加多重機能的使用，加上電視櫃通常會收納各種薄型影音設備家電，透過功能性的扁平化收整，也可以讓電視櫃的收納空間同時兼作隔間牆，空間規劃的愈靈活，愈不浪費空間坪效。

運用大面積的電視背牆，除了作牆面規劃外，透過色彩及造型，也能創造不同的客廳風景。 圖片提供◎方構制作

Q.062

天花板的冷氣管線，要怎麼收整才不凌亂？

A 透過風格形塑弱化明管存在感

通常冷氣管線在裝潢初步就會進行規劃，好讓木作在進行時預留管線。但如果沒有預留冷氣管線，事後要安裝，除非重新打掉天花板，不然只能走明管。所謂的明管，也就是電線不走在牆內，而是套上電管後，直接裸露出來。只是要留意明管的收整盡量走直線並用直角轉彎，而且同一迴路的電線不能超過 4 個彎，這會造成電線很難抽換。若超過者，就得加出線口。

Q.063

客廳中的各種管線該內藏還是外露？

A 視空間風格而定

如果喜歡空間帶一些隨興感，走明管規劃的管線外露，就不需要另外做天花板，但如果喜歡空間看起來很整齊，自然適合將電線內藏和收整，勢必要做天花板，將冷氣、燈具等管線隱藏起來，但建議預留的維修孔位置，以免日後需要維修時施工不易。

Q.064

展示型的電視牆怎麼配置最佳？

A 掌握好深度才不 NG

為了達到展示需求，櫃體深度建議不要超過 45 公分，這樣的深度不但適合擺放電視，展示物品也剛剛好，不會因為櫃體太深而模糊了展示的視覺效果。建議內部層板的高度要比展示品高 4 ～ 5 公分，層板最好是活動式。

空間裝潢　　櫃體設計　　收納物件　　整理心法&佈置

Q.065

電視牆的厚度應取多少為宜？

Ⓐ 建議至少要有 10 公分

電視牆的厚度，端視電視是吊掛或擺放而定。如果是吊掛電視，因為要收納管線，牆面厚度建議至少要有 10 公分。尤其如果是大理石牆面，基本上撐起大理石和電視的，靠的是角料的補強，也就是角料要下的密集一點。建議至少要用 6 分木心板來做電視牆背板，因為壁掛架的螺絲是鎖在木心板上，太薄的木心板用久了，怕會有螺絲咬合不住的問題。如果電視是採擺放方式，通常也至少要有 40 公分厚，才好收納電線，因此通常會規劃成擁有收納機能的電視櫃。

Q.066

如何創造客廳中的展示空間？

Ⓐ 先抓出所需櫃體深度再作設計

如果沒有特別強調哪一類型的展示單品，不妨將櫃體深度設計在 35～40 公分，不顯得太深，沒有擺展示品的其它層架，也可兼作書櫃或收納櫃使用，可說是一舉數得。至於櫃體的形式，頂天立地的落地式櫃體，看來較為穩重，而懸掛式櫃體能展現更多輕盈感，可以依照需求而設定。櫃體的上方可以增加投射燈具，將光影投放在展示品上，凸顯展示品的美感。

客廳中的櫃體除了具收納機能外，特殊的形體設計也能為居家增添獨特風格。圖片提供◎構設計

Q.067

小坪數客廳如何提升收納量？

Ⓐ 在非動線上動腦筋吧！

坪數有限之下，各式櫃體最好選擇在非主要動線上進行空間規劃，例如沙發背牆、電視牆的轉角處等，可以弱化櫃體的存在感。而收納櫃體的設計，應以簡單俐落的層架或壁櫃為主，避免落地式櫃體佔據太多的空間，材質上可以運用玻璃或是鐵件，讓櫃體線條更為輕盈，也避免使用過於厚重感的色彩（若有特定風格就不在此限），看起來就不會過於壓迫沉重。

Q.068

小坪數的客廳應如何規劃動線和收納？

Ⓐ 從家具、櫃體尺度作完整評估

一般小坪數住宅的客廳，待客機能往往較低，而重於起居生活的滿足，流暢的動線是核心重點，因此規劃上需考量家具、櫃度的尺度、走道動線是否流暢，再其次才是展示、收納空間的安排，過多的櫃體只會讓這個公共領域變得凌亂且不舒服，空間有限下，客廳的收納應多利用臥榻、內嵌櫃等保持立面的清爽。

小坪數的客廳應維持足夠的活動空間與動線，收納應從隱藏式設計著手。圖片提供◎黃雅方

Q.069

客廳的角落空間，可以作為怎樣的收納利用？

Ⓐ先成為有趣展示空間吧！

空間入住後，隨著居住的時間愈來愈長，生活上增添的物品難免會愈來愈多，這時候可以善用零碎的角落空間來輔助收納。只是每個空間調性不同，建議先測量角落可使用空間的長寬高度，再以此為考量標準，看是直接購買合適的尺寸，或是運用鐵件或木作來做規劃。也可以運用一些生活小物來取代櫃體，比如購買好看的紙箱，將收納品放在紙箱內堆疊在一起，完成收納，而且增添生活感。

客廳中的畸零區域若能運用得宜，就可以成為收納機能與美感兼具的角落。圖片提供◎築青室內設計

Q.070

如何淡化大型收納櫃體的存在感？

Ⓐ有趣造型讓收納櫃成藝術品

通常坪數較充裕的空間，都會增設大型收納櫃體，滿足生活需求。但大型的櫃體往往會帶來視覺上的壓迫感，建議可以利用一些小技巧，淡化櫃體在空間內的存在感。比如可以採取非一致性的尺寸規劃，輕鬆化解單調感，而櫃體的顏色運用也有技巧，不妨讓局部櫃子的顏色與牆面一致，櫃子就像是融入牆面的一部分，具有化解壓迫感的效果。

Q.071

客廳空間的設計，如何做才不單調？

A 多一點弧線讓立面不死硬

電視櫃通常都是直角造型，如果不想要視覺上太單調，也可以利用木作導弧並做噴漆處理，邊角處的導弧處理，能營造出流線的動態感，化解非必要的角度。也可以將有導弧的收納櫃設計延續至整個室內空間，讓收納功能統一整合於同一個視覺立面，門板建議以鏡面與木素材做交錯設計，一方面活潑櫃體表情，同時弱化納櫃存在感，成功轉化成妝點空間的牆面設計。

Q.072

如何設計視覺簡約的客廳空間？

A 從線條、材質著手

客廳內的電視牆，可以規劃成整合電視主牆與鞋櫃的收納櫃體，視覺上維持空間乾淨整齊，電視下方的檯面可放置視聽設備，櫃體可部分規劃開放式層架，擺放喜愛的裝飾品。也可以將電視櫃的高度放矮、簡化其線條，以平台放置簡單的影音設備即可，不另外規劃櫃體，並將大部分的置物空間移至電視牆兩側的櫃牆，還原客廳空間的質感與純粹。

素面、消光的材質（如水泥塗料等）可去除電視牆面多餘的線條，客廳空間也顯得簡約。圖片提供© 均漢設計

Q.073

如何依照收藏品規劃合適的收納空間？

A 搞懂櫃體特性再抉擇

珍貴的收藏，對每一個擁有者來説，都像故宮的瑰寶一樣，不時得從庫藏的儲物間出走，在外面亮亮相。因此，開放式層架設計，是收藏品的最佳 展演平台。不過每個人的收藏品種類不同，如果是尺寸較小的收藏，可以採格狀收納，或許還可以做玻璃門片，避免灰塵。如果是大型物件，收納櫃可以做開放式，擺放尺寸較大的收藏品，同時可以擺些花器、蠟燭、相框等生活用品，增添生活感。

Q.074

客廳內收納空間，怎麼設計才能不顯得壓迫？

A 從淡色＋特殊材質減輕視覺負擔

電視收納最常見的型態就是占據了客廳的一整面牆體，龐大的收納櫃體雖然為日常生活備足了收納空間，卻也極容易壓縮客廳在視覺上的感受，如果一定要規劃一整面牆體的收納櫃，建議都要加裝門片，讓櫃體在視覺上保持一致性，且用色盡量清爽，白色或淺色系為佳。建議櫃體至少要離地10 公分，不落地的櫃體，也能舒緩視覺上的緊繃感。

懸浮式的設計弱化了電視櫃的沉重感，同時也讓客廳空間顯得有型有款。圖片提供 ©築青室內設計

PART 02

櫃體設計 篇

喜歡享受影音效果的人，客廳空間就需要能收納各種設備的櫃體；有收藏僻好者，客廳就成為重要的展示空間；開放式隔間或小坪數居家則得有複合性的機能，需要怎樣的收納空間就端視客廳中需要容納什麼物件。

Q.075

電視櫃與鞋櫃雜物櫃串連，該怎麼設計才順手？

A 依使用習慣分出類別

建議可以利用電視牆的延伸，規劃頂天立地的大容量收納櫃，兼具鞋櫃和雜物櫃，而影音設備的機櫃，可以規劃為內嵌式或運用櫃體設計規劃擺放的層架，滿足收納需求。小空間最適合擁有這樣一個收納主牆面，讓主牆擁有多元機能，結合玄關鞋櫃、儲物櫃、電視主牆及書牆，而且因為是公共空間，建議使用溫潤配色不使用過度的色彩比例，讓空間呈現自然療癒感。

Q.076

展示兼具儲物功能的綜合收納櫃，該如何作分門別類的設計？

A 多元的櫃體機能提升使用效能

為了讓空間看起來更加舒爽，大尺度的收納櫃，可以一部分可以作為收納雜物的櫃體使用，其它部分可當作展示櫃，當從客廳角度看去，好似雙重空間融為一體，也發揮櫃體的多重置物效果。櫃體部分，建議可以部份結合門片做封閉式，部分則是開放式，提供生活物品不同的擺放需求，做好分門別類，也讓櫃體看起來更具變化。

部份結合門片做封閉式，部分則是開放式的櫃體中，少動用的展示品或植栽陳列在開放層加，封閉式的則可依需要及順手習慣作規劃。圖片提供◎北鷗室內設計

Q.077

客廳的系統櫃如何能保有收納機能，同時不失設計感？

A 可嘗試捨棄系統櫃附加的元件

如果是運用系統櫃打造的收納櫃，通常都比較無法具有變化性，如果非得用系統櫃，建議可以捨棄系統櫃附加的元件，比如依照櫃體比例設計出細長的黑鐵烤漆做把手，與門縫形成一直線，增添立面多造型感，再透過把手巧思搭配櫃體本身的懸空設計，替收納櫃本身帶有設計美感。也可以更換系統櫃的門片，挑選有花紋或質感較好的門片，凸顯櫃體立面的視覺感。

Q.078

電視櫃，該怎麼做兩面式的收納規劃？

A 依據生活需求而制定

雙面櫃顧名思義就是兩邊都可以使用的櫃子，直接聯想應是拿來作為隔間的用途，除此之外，也能結合空間轉角，延伸成甚至四面的櫃體，讓居家的轉角發揮十足的機能，兼顧美觀，如果家中藏書較多，建議搭配軌道設計，便利書櫃移動拿書。雙面櫃的收納，雖然可以提升收納機能，但收納的項目還是要依據生活需求而制定，才能妥善分配櫃體的層架數量和尺寸大小，比如因為同時還兼做電視櫃，勢必會擺放影音設備，可以依照慣性擁有的影音設備數量來做規劃，如此一來，才能讓雙面櫃發揮最大效用。

鏤空的鐵件雙面櫃體既具備展示機能，流線的弧形設計在空間中也成為藝術品。
圖片提供◎均漢設計

Q.079

客廳隔間櫃可以有哪些櫃體變化？

A 依空間切割作調配

有時候依據空間的不同使用、適當地切割空間仍是必須的。但是區隔空間不代表一定要作實體隔間牆，隔間櫃是兼具收納與隔間的好手法。在裝潢的起初，規劃空間分配時，就可以依照每個空間存在的位置，以及相鄰的機能性做規劃，最常使用隔間櫃的空間通常是客廳和餐廚，或客廳與玄關，剛好客廳、餐廚、和玄關這三個空間需要收納的雜物也多，當隔間改以收納櫃替代，可以相對節省空間。

Q.080

開放式的電視櫃如何設計才不雜亂？？

A 建立一致性的立面線條

電視櫃通常是以木作為主，為了怕視覺單調，也許可以和其它素材結合。比如以簡約色的水泥板做為基礎結構，結合木作，讓開放式櫃體在視覺上多了一分自然舒暢感，淡化櫃體上擺放的雜物帶來的雜亂感。而且櫃體的層架可以建立高度一致或寬度統一的視覺規律性，視覺上自然就會有整體性，即使陳列各種大小不一的物件也不顯雜亂。

創造層櫃一致的高度或寬度，建立視覺規律性就不擔心雜亂的問題。圖片提供◎維度室內設計

Q.081

樑柱如何收納最不礙眼？

Ⓐ 以櫃體包覆讓柱子隱形

當空間內的樑柱不是在牆角，而是在屋子中間，常常會形成空間內的畸零區域。其實，樑柱只要善加利用，可以轉化為收納櫃，順勢創造出鞋櫃、展示櫃或儲藏空間，提升畸零空間使用效能。為求立面在視覺上更為完整，也可以運用同一材質來包覆樑柱和櫃體門片，減少過多線條的分割，所造成的視覺零碎感，讓空間更顯大器，同時提升了空間的收納機能。

豎立於空間中的大柱體可運用電視牆包覆化解。圖片提供◎一它設計

Q.082

櫃面很雜亂如何調整？

A 運用門片創造乾淨立面

有一些開放櫃子的設置是必要的，它不僅能增加空間內的生活感，更可以讓空間看起來更大一些，只是大容量的隱藏式櫃體，如果裝置在小空間裡，可能會因為櫃子的量體較大，反而讓空間看起來更小。若擔心看起來櫃面很雜亂，可以嘗試調整一下開放櫃的規劃就可解決，比如部份櫃體結合門片，集中收納瑣碎的小物，就能遮掩視覺上的凌亂感。

Q.083

如何讓櫃體也可以擁有展示美感？

A 讓櫃體的樣式帶些變化

如果要讓櫃體本身就帶有設計美感，可以讓櫃體的樣式帶些變化，增添活潑性。比如一進門的公共區，可以將玄關與客廳牆面做收納整合，並利用有如積木堆疊般的排列設計，再讓主牆刷上自己喜愛的油漆顏色，讓櫃子看起來不再平凡無趣，反而是創造鮮明個人風格的要素。或是在櫃體本身刷上顏色，讓櫃體的線條成為空間的裝飾，也是一種方式。

格櫃中多元收納的變化，就能為空間創造出趣味端景。圖片提供◎方構制作設計

Q.084

神明廳是否有不占空間的設計？

A 訂製櫃設計有巧思

現成的神明廳佛龕能選擇的有限，而且有其固定風格和尺寸，通常巨大且很難融入居家風格，建議可以訂製。而佛龕所使用的材質及線條語彙，也都要與風格連結，才能避免過於突兀，形成視覺注目的焦點。在規劃佛龕高度時，要記得考量風水吉數，因為是量身訂作，更要特別注意。也可以和訂製的收納櫃體結合，只要計算好擺放的神桌需要的大小尺寸，就不需要額外的訂製一個專門的櫃體，節省空間。

運用左右平移式櫃門，能巧妙修飾佛堂顯眼強烈的存在感，化為空間中的風格端景。圖片提供◎福研設計

Q.085

除了結合收納櫃體之外，大型電視還有什麼收納點子？

A 旋轉立架或擺於櫃體內

電視櫃通常追隨使用者需求而進行規劃，常見的是擺放在櫃體內，也可以懸掛在壁面或是結合平行挪移的軌道式電視牆設計，從外觀將完全看不到管線，視覺上簡潔俐落。只是如何讓管線不隨電視軌道挪移而在櫃內糾纏不清，需要妥善規劃，通常是用支撐力強勁的鐵件來做懸掛液晶電視的主要建材。也可以直接擺放在櫃體上，利用背牆的材質或顏色營造氛圍，也很有生活感。

Q.086

電視櫃想做成嵌入式櫃體的設計，有什麼需要注意的地方嗎？

A 事先預留管線空間

有時為了要讓牆面看起來為一個平整的立面，會利用牆面的內凹處做成櫃體嵌入，這種櫃體多半是依據要嵌入的電器尺寸來做規劃設計，像是電視、視聽設備等。要注意的是預留的尺寸若是過小則需要重新製作，因此一定要事先測量清楚影音設備的尺寸大小。另外，還要留意線槽的擺設位置是否容易拉取，以免日後更換音響設備難以拉線。

內嵌式的電視牆設計能讓立面線條順暢流線，但要預留好電視設備的收納空間。圖片提供◎禾光室內裝修設計

Q.087

視廳櫃體的寬、高應取多少最適用？

A 60x20 為基本尺寸

視聽設備通常會堆疊擺放，因此視聽櫃中每層的高度約為 20 公分，寬度約 60 公分，深度的部份，記得要預留接線空間，因此通常落在 50 ～ 55 公分，建議不要小於 45 公分，以免無法擺放。至於承重的層板，也需要能夠調整高度，以便配合不同高度尺寸的設備。而方便移動機器位置的抽板設計，也是方式之一，但要記得若是特殊的音響設備，則需針對承重量再進行評估。

視聽櫃深度記得要預留管線空間，有些櫃體會預留孔洞方便屋主彈性調整層板高度。圖片提供◎黃雅方

Q.088

客廳坪數較小，如何簡化空間的線條？

A 維持立面的完整性與一致性

儘量讓空間中的家具有多元的使用，電視牆可以與玄關串連，形成一個完整的立面，讓空間視覺上乾淨整齊。電視櫃除了吊掛電視，還能收納儲物，建議也可以在電視週邊嵌入收納櫃，以隱藏性的收納方式維持空間的簡潔質感，電視櫃牆除了立面的開門式收納外，底座可以規劃可拉式檯面，下方做收納，檯面上方可置物，提升收納機能。

電視牆與玄關櫃串連，不僅簡化了立面線條，也讓空間顯大。圖片提供◎築青室內設計

Q.089

預算有限，如何設計出收納量大的電視櫃體？

A 使用原材質省時省力也省錢

對於預算有限的屋主來說，如果無法花太多錢做木作櫃，但又希望保有足夠的收納空間，同時還要具有設計感，建議可以讓視聽櫃加上造型展示櫃，就能同時平衡預算及美感。建議可以保留木作材質本身的紋路，不再另外貼皮，比如夾板，本身耐重性佳，材質本身帶有的質樸感，可以創造空間隨性氛圍，更重要的是因為少了貼皮的功夫，木作的費用也會比較低，就可以滿足兼顧預算、美觀和收納的電視櫃體需求。

PART 03

收納物件 篇

客廳是全家人放鬆、娛樂的公共區域，不適合堆積私人物品，共用的物品如遙控、影音配件，或是雜誌、型錄等，需要收納在大家都易找易收的地方，訪客用的杯盤茶壺也很適合收納在此處。

Q.090

既想展示又不想讓客廳感到狹隘該怎麼做？

A 懸吊式設計減輕視覺重量

小坪數為了發揮最大運用效能，通常會將玄關櫃、衣櫃、電視櫃和書桌等機能櫃體一併結合，雖然收納效能極佳，卻容易讓視覺顯得狹隘，建議櫃體可以採懸空設計，並設置向下間接燈光，提升視覺的輕盈感，尤其如果要兼具展示效能，也可以在展示的櫃體上方加裝展示燈帶，利用投射光源，放大視覺的輕鬆感。

Q.091

如何透過收納，長久維持客廳風格？

收藏的數量決定了所需要的展示空間，在作空間規劃時就需要作通盤的考量。圖片提供©樂創設計

Ａ 有設計感的櫃體創造家的 Lifestyle

要維持客廳風格，有門片的大型收納櫃是最佳選擇。大量的收納功能，讓公共空間的視覺複雜度減至最低，也將公共區域的所有功能，簡化成最基本而單純的樣貌呈現，不只解決了台灣室內空間狹小，當室內東西一多，視覺容易雜亂的問題，也將提供了完整而流動的空間機能。不過收納櫃的量體一旦太大，也怕造成視覺上的壓力，因此材質和色系的選擇上，也要考慮，通常建議選用淡色系。

Q.092

繁雜的電視影音管線該如何隱藏？

A 掀蓋式櫃體遮住一切凌亂

為了讓電視牆擁有清爽的視覺感受，收納上絕對不能忽略隱藏式線盒這項設計技法，藉由將瑣碎的電線收入電視牆後方，不僅讓視覺感受舒爽乾淨，更能與牆面材質有效融合為一，減少焦點分散。也可以讓擺放影音設備的層架採掀蓋式，再藉由這個與電視線盒相連的有線槽蓋板，隨屋主的生活機能需求來增減各式設備，同時又能完全遮掩煩雜的影音管線。

運用牆體將瑣碎的電線收入電視牆後方，但埋入前也要考量到未來更換管線的方便性。圖片提供◎構設計

Q.093

家中的清潔器具，比如機器人、掃把、拖把，放哪最好？

A 充分運用牆面收整

清潔工具大多是直立式，最簡單的收納方法，就是將清潔工具豎起來。一般掃把、拖把都是手杆較長，靠牆放容易倒，如果家裡有儲物間的話就可以將清潔工具有序「掛」在儲物間牆上。可以運用隔板、洞洞板或置物架，這些都是能讓收納能力迅速擴大的好工具。還有門後和櫥櫃旁邊的空間，也都很適合充分利用，而且不影響日常的生活動線。

Q.094

季節性電器要怎麼收納？

A 創造一個儲物空間吧

收納，是規劃空間最常面臨的需求，但有時需要的不是很多櫃子，而是儲藏空間。因為居家中需要被收納的除了生活用品外，也可能是電器類，如電暖器、電風扇等季節性家電，或是吸塵器等清潔工具，還有腳踏車、嬰兒推車、行李箱等，但這些物品尺寸不一，一般櫃子的規格無法一次滿足這些物品的收納。此時以儲藏空間取代收納櫃子，不失為一個解決之道。建議可以利用畸零空間，利用木作直接規劃成小儲藏室，季節性的電器就有了收納好去處。

設計師運用客廳後方的架高處，將收納埋入地板，成為隱形的儲藏空間。圖片提供◎構設計

空間裝潢　　櫃體設計　　**收納物件**　　整理心法　　
　　　　　　　　　　　　　　　　　 &佈置

Q.095

遙控器有沒有好找好收的收納方式？

A 輔助小物讓遙控器有個家

客廳空間較大，小物件需先集中收納，電
視櫃與側邊櫃裡可添購分隔收納盒，把生
活物品全部隱藏，像遙控器、電池等必用
小物。尤其電視遙控器更是每天必會使用
的物品，建議收納在茶几或是沙發周邊方
便拿取的位置，比如有抽屜的茶几，或是
沙發邊加裝有口袋的掛袋，都很適合收納
遙控器。

沙發周邊方便拿取的位置，都是適
合收納遙控器的地方。圖片提供©
施文珍

Q.096

影音設備怎麼收納最省空間又實用？

A 掌握尺寸避免浪費空間

公共空間建議要捨棄不必要的隔間，才能釋放寬闊的空間感，而必要存在的品
項，比如影音設備，建議可以跟隨電視的擺放方式做變化，比如是電視和收納
櫃做結合，下方空間可以做影音設備的收納機能，如果是壁掛式，建議增設一
條層架擺放影音設備，甚至可以疊放，節省購買櫃體的費用，同時節省空間。
層架的深度因為還要考量設備的電線和插座，建議不要少於 45 公分。

Q.097

展示品該怎麼收納在客廳？

A 要先了解收藏品大小、形狀及想擺放的位置

部分展示品因為不需要經常拿進拿出，可用透視的門片櫃，達到展示效果，同時還能防塵。可在中間設計櫥窗，不定期選出一件作為展示焦點，展示櫃高度都要比展示品再高個 4 ～ 5 公分，才方便拿取，若使用層板，兩旁可多鑽一點洞，方便層板變換高低。打燈能讓收藏品看起來更有價值，但若是高價又脆弱的收藏品，在燈光及溫濕度控制上一定要多注意。

有些收藏品不一定得用櫃子收納，可以分散陳列，融入生活中各角落。圖片提供◎均漢設計

Q.098

茶几書報要怎麼收整最省力？

A 定期丟棄最實在

書報的尺寸通常比書籍來得大，而且需要定期丟棄，因此在規劃收納櫃時，可於電視櫃處加入小型書櫃的設計，或在茶几正下方增加書報置放的功能，也可以將茶几設計成推車式的矮櫃，便於活動及收納。此外，在沙發旁設計簡單的書報架，或把沙發扶手以矮書櫃來取代，不但利用空間，也能營造出不同的氣氛及效果。

Q.099

相片或畫作要怎麼懸掛才不凌亂？

A 掌握位置、材質與擺放方式

畫作懸掛或陳列在距離地面約 150 ～
160 公分的平視水平線為最佳，通常
尺寸要統一，形成連續的整體，搭配
投射照明就能烘托出展示氛圍。而照
片相框屬於小單品，建議相框款式應
該統一比較恰當，可以統一使用粗細
框款式，或者是顏色一致，才不會產
生混亂無序的效果。此外，小幅畫框
要同時懸掛多幅時，可採用隱形框架
法，就像是畫出一個隱形的矩形，將
所有相要掛上的相框置入到這個隱形
框框中，看似錯綜複雜，其實是很有
秩序的。

統一畫作的粗細框款式，或者是外框一致，較能避
免產生混亂無序的效果。圖片提供◎均漢設計

Q.100

收藏品該怎麼陳列，才能保持視覺整齊美觀

A 從收藏品的屬性作判斷

如果是非實用性收藏品，可隨著空間的擺設做適當規劃，納入展示功能考量。
如果是實用型收藏，就得考量動線，例如杯碗的收藏，可以規劃格狀的櫃體，
而唱片可以放置在客廳的開放式櫃體中當生活展示，而雕塑品，因為本身具有
藝術價值，可以規劃專屬的展示櫃加以陳列。主要是要將收藏品安置在合適的
櫃體中，才能保持視覺上的整齊。

Q.101

組合櫃該如何運用才能提升收納又不雜亂？

A 選擇機能變化較多元的櫃體

空間內的家具愈是靈活，愈是可以創造空間更多收納效益。比如可堆疊或是可更改層架數量和高度的櫃體，都是值得考慮的選項。可堆疊的櫃體，好處是隨著使用需求增加再逐一添加即可，可以精準的運用收納空間；而可更改層架數量和高度的收納架，好處是可彈性運用層架空間，可高可低可擴充，靈活性高。如果擔心視覺上雜亂，最好挑選有附籃子或櫃門的選項，就可以維持視覺的整齊。

可堆疊式的格櫃能依需要做彈性使用。圖片提供© 集品文創

Q.102

如何快速從隱藏式的大型櫃體中找到物品？

A 創造物件的取用秩序邏輯

當收納櫃體愈大，雖然可收納的物件量大，但如果本身沒有規劃一套收納邏輯，很容易造成東西容易擺進去，卻不容易找到的窘況。建議每個櫃體都分配專屬的收納項目，要找尋物品時就可以依照這個邏輯，打開對應的櫃門，快速找到物件。規劃大型的隱藏式收納櫃時，如有門片及抽屜，盡量避免使用顏色深的櫃體，才不會造成空間壓迫感，變成視覺障礙。

PART
04

整理心法 & 佈置 篇

凡出現在客廳的「檯面」最好保持清爽，像是半身櫃檯面、茶几、邊桌等，應維持淨空，除非是展示陳列物，否則其它物件都應擺在櫃子中、抽屜裡，也要養成固定收拾雜物的習慣。

Q.103

如何展示小件物品，來提升空間美感？

A 設定好尺寸次序

在客廳的視覺主牆面上，建議可以規劃出來一整面的開放式層板展示架，擺放收集回來的小物，如果小物有固定尺寸，比如都是馬克杯，就可以依照馬克杯的一般尺寸量身定製適合的展示架尺寸，例如設定深度 25 公分、上下間隔為 40 公分的收納櫃，不論是那一種小物展示，屋主本身的收藏當擁有一定數量，而且排列整齊時，本身就具有獨一無二的生活美感。

Q.104

客廳中的座榻如何作收納的設計？

Ⓐ 抓出適當尺寸和五金是先決

考量乘坐舒適、同時兼顧收納機能的話，高度以 35 ～ 45 公分最佳，深度則 60 公分為宜；寬度可依現場環境及屋主需求決定。窗邊座榻高度則依窗戶高度而定，臥榻或座榻下方的收納設計要考慮拿取方式，通常有上掀式與抽屜式二種，一般上掀式放的量較多，至於抽屜式拿取方便，但收納量較少，可用來收納小物。為方便置物，座榻旁常會設置小茶几，但茶几不只占空間、還可能影響動線，可利用五金滑軌將茶几設計在座榻上，平日可收在旁邊較不占位置，兩人對坐時則可移至中央來擺放杯盤。

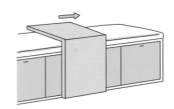

移動式滑軌可在毫不占空間的情況下將座榻與茶几合而為一，是最省空間的設計方式。圖片提供◎黃雅方、一它設計

Q.105

陳列品造成的灰塵堆積如何避免？

A 玻璃門片創造無塵精品收藏空間

展示品可分為收藏性和日常使用性兩大類，如果是收藏性展示品，因不需要經常拿進拿出，適合以密閉卻有玻璃透視的展示效果，同時還有防塵清潔的作用。如果是日常性的展示品，例如杯盤器皿等，因為時常會使用，建議以開放式設

計便於拿取。若擔心展示的收藏品沾染灰塵或摔破，最簡便的方式就是加裝玻璃門，目前市面上的玻璃五金種類繁多，有框或無框、緩衝鉸鍊、軌道、把手、防塵邊條等，可供需求及喜好做選擇。

加裝玻璃門的展示櫃能防止灰塵堆積。圖片提供◎均漢設計

Q.106

如何兼顧收納與展示收藏品？

A 適度使用開放和封閉櫃體做收納

無論是哪個國家，空間所使用的材質都會根據當地材質為主，為了要展現出收藏品的獨特性，在展示櫃上可以從材質面著手，像如果是玻璃水晶類的展示品，使用一些金屬鐵件來搭配，則可呈現優雅大器。如果是茶器杯碗之類東方質感重的物件，可以使用溫潤的深色木質，強調出中式風格。至於大型的公仔雕塑，適合搭配深色的鐵件和玻璃，可以與大型公仔的氣勢與線條相吻合。如此兼顧了收納與展示，也完整烘托展示品的特質。

{ Column2
居家整理邏輯課 }

公共領域的整理原則：
先分類再歸位

公共領域如客廳、玄關、餐廚、書房等，由家庭成員所共用，整理時需將收納重點回歸到使用者本身，極簡整理師布蘭達&極簡維尼建議，進行整理前，不妨先思考這個空間對使用者的意義與行為，再確認要擺放的物品，最後才決定空間定位與收納。

諮詢顧問◎極簡整理師 布蘭達&極簡維尼

整理的第1步：集中與分類

公共領域中同類物品很可能被擺在各處，必須透過集中所有物品、一一檢視和歸類，才能清楚每類物品的數量。由於分類需要空間，整理時的順序可從物品少的區域開始，例如茶几區電視櫃頂天立地大型櫃等依次做整理。

整理的第2步：篩選與淘汰

當物品完成分類後，可依據「現在的需求」決定留下的數量，剩餘的便進行丟、捐、賣或送人，私人的物品也可回歸放回自己的房內做收納。

整理的第3步：定位

進行物品的定位時，要以「一目了然」及「拿取方便」為最高原則，最好的方式是直立式擺放，每件物品都能在同一平台上看到；要拿取方便則要注意物品不相互堆疊。不論是公共區域的櫃體或是餐廚櫃，櫃內物品的定位都要以使用頻率作分類，最常使用、次常使用、少用或展示品，再以拿取便利性為順位放置。

03

DINING ROOM&
KITCHEN
餐廚

用筆記下家中餐廚的收納需求與空間形式，才能了解接下來的收納重點喔！

☑ 餐廚收納核心評估

空間位置

☐ 壁面

☐ 樑下

☐ 柱間

☐ 隔間牆

☐ 畸零角落

☐ 其它

櫃體形式

☐ 料理檯

☐ 門片式收納櫃

☐ 抽屜式收納櫃

☐ 展示型收納櫃

☐ 開放式收納層板

☐ 移動式中島餐櫃

☐ 上方吊櫃

☐ 掛桿

☐ 其它

收納需求

☐ 杯盤碗筷

☐ 各式鍋具

☐ 刀具砧板

☐ 清潔用品

☐ 家電

☐ 水果零食

☐ 食材乾貨

☐ 調味品

☐ 其它

PART 01

空間裝潢篇

公共場域中餐廳和廚房不僅是全家人每天都會停留的地方，更是會「使用」的地方，大小雜物也往往是全室之冠，如果凌亂不堪，不僅料理食物顯得阻礙連連，用餐氣氛也大打折扣，因此空間裝潢上至關重要。

Q.107

餐桌周圍適合收納些什麼？如何活用？

A 依全家人飲食動線規劃

餐廳通常和客廳相連，而靠近餐桌的區域，最適合拿來收納餐碗杯盤或是和廚房相關的瑣碎品項，例如備用醬料和調味料之類的。建議可以從客廳至餐廳，運用一整面櫃牆整合各種機能，看似連貫又區劃了兩個場域。如果有個人收藏，也可以利用這面展示牆，擺放收藏的物品。也可以利用從平檯轉而伸出的小吧檯劃出界線，下方空間正好可收納廚房小物，比如備用電器或乾貨等。

Q.108

餐廳、廚房有哪些配置的方式？如何增加收納？

A 選擇適合自己的餐廚格局

依居家坪數大小、格局而言，餐、廚可「各自獨立」，也可作成開放式的合一設計，廚房通常有一字形、L型和加了中島的二字型，以及ㄇ字型，小坪數居家多為一字形和L型，二字及ㄇ字型則需要規劃出適當的走道寬度，以及所需的收納櫃體，平台面積較多的可能要規劃上方吊櫃，由於廚房水火區域尺寸規格大多固定，想要增加收納量可以調整中島的深度，讓下櫃空間更寬敞；或規劃大型獨立櫃體等。餐廳區則需要考量到走道寬度，避免櫃門或椅子成為動線中的阻礙。

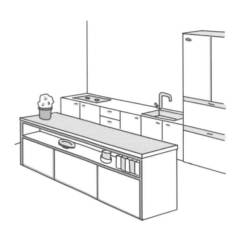

調整中島深度就可以增加下櫃收納量。圖片提供◎黃雅方

Q.109

廚房空間應如何規劃適切的平台動線？

A 保留充足的備料空間才不會手忙腳亂

料理的動線通常依序為水槽、備料區和爐具，水槽與爐具通常有固定規格，而居於中央的備料區域以70～90公分最佳，可依下廚人數、特殊需求作調整，小坪數廚房備料區也不要少於45公分，否則難以使用外也容易造成凌亂。爐具位置要避免太靠牆面，最好能與牆面留有40公分平台便於擺放鍋具。

備料區至少需要大於45公分的空間。圖片提供◎黃雅方

一字型上下櫃體的廚房收納怎麼做配置？

A 動線需集中在這條直線空間中

一字型的廚房，因為移動動線是採一直線，因此廚房收納最好都集中在這條直狀動線上，尤其是常用的工具，比如鍋碗瓢盆和柴米油鹽。可以依據使用習性和烹飪習慣來調整動線。如果以輕食為主，可能只需要少量鍋具，就足夠料理時使用，這時鍋具最好擺放在爐台下方收納櫃，而調味料可以放在備餐檯面上方，離爐台也近，方便拿取。杯盤部分可以收納在上方櫃體採疊放方式，至於料理檯下方的櫃體，適合擺放少用的電器或儲備食材等。

一字型廚房的動線講求順暢，收納空間需更貼近生活習慣。圖片提供©明代設計

Q.111

ㄇ字型的廚房收納怎麼做配置？

A 三面空間可高度運用

通常會規劃ㄇ字型廚房的人，大多是喜好料理的人。因為ㄇ型可利用檯面至少有三面，對喜好下廚的人來說，備餐空間充足許多。而且，愈是喜好下廚，擁有的器具配備只會逐年增多，建議在主餐檯那一面，收納物件以常用為主，其餘兩面可以收納不常使用的器具，最好一年整理一次器具位置，因為慣用的鍋碗瓢盆有時候會隨著時節或喜好而調整，因此應該定期做整理，將近期常用的道具轉移到主餐檯，增添使用便利度。

Q.112

廚房如果想做上下吊櫃，怎麼設計比較好？

A 依身形高度拿捏尺寸

現代廚房下方的廚檯高度多落在 80 ～ 90 公分之間，上方吊櫃建議與廚檯具有 60 ～ 70 公分高度落差，設定在離地 145 ～ 155 公分之間，如果要置頂，建議依照使用者的實際身高和習慣來進行高度規劃，才能更正確符合使用需求。通常收納櫃會擺放電器，像是電鍋或飲水機，怕蒸氣會影響到板材使用年限，頂端層板最好採鏤空或無蓋設計，讓蒸氣可以向上蒸發，降低對板材的影響。

廚房應依照使用者的實際身高和習慣來進行高度規劃，才能更正確符合使用需求。圖片提供◎黃雅方

Q.113

電器如果想收藏在吧檯內，該怎麼規劃？

A 善用吧檯的內部空間

如果想保持視覺上的開放與簡潔，可以不要另外設置櫃體，改為嘗試將收納空間向下延伸，並善用吧檯的內部空間，吧檯於是搖身為家電置物櫃。為了不讓開放空間顯得雜亂，櫃體方面建議採取統一的色系。此外，吧檯式的餐桌，下方空間一樣能創造收納效能，可以利用吧檯內側來收納小型家電與常用餐具等，兼顧收納機能與生活質感。

櫃體統一色系能增加整個空間的簡潔度。圖片提供◎奇逸空間設計

Q.114

如何修飾電器櫃，淡化櫃體？

A 大型家電可作嵌入式收納櫃

嵌入式收納可以淡化櫃體的存在，因此如果想讓電器櫃隱形，可以利用嵌入式來做隱藏，但這通常適合大型家電，比如冰箱和烤箱等體積較大的電器，而烤麵包機、攪拌機等小型家電，可以整合在統一櫃體當中。也就是大家電都採內嵌設計，小家電則利用門片、拉盤或抽屜收於櫃內，櫃子同時可以做成拉門設計，讓電線以及電器都隱於無形。

Q.115

如何增加電器櫃的收納空間？

Ⓐ 大型櫃體適合集中收納

如果是小空間，可以做一個大面積收納櫃體，讓收納機能集中，櫃體同時變公私領域隔間，如此一來，小空間的電器櫃可以擺放冰箱、洗衣機，生活機能一樣也沒少，又能讓空間較為寬敞舒適。至於大空間，可以增設中島吧檯連接廚房，吧檯下方可作為小家電的收納處，彌補電器櫃的不足，也可以從廚具延伸至側邊，利用轉角畸零地擺放烤箱，下櫃內使用特殊五金加強收納，不浪費一點空間。

Q.116

L 型的廚房轉角如何利用？

Ⓐ 運用轉角空間提升收納

L 型廚房通常是小家庭的好選擇，可輕易納入收納櫃體與用餐空間，然而在轉角的部分不論是抽屜或櫃門都相難當以使用，這時可以善用五金配件在收納上作變化，像是蝴蝶轉盤、小怪獸、半圓式轉籃等，基本都有標準尺寸可供選配。建議將冰箱、水槽安排以及爐具或烤箱，可以分別設置於 L 型的兩條動線上，形成便於烹飪的三角形動線。如果擔心收納機能不足，可以增設吊櫃或上櫃，滿足收納需求。

廚房轉角處可運用旋轉五金創造更靈活的收納。　圖片提供◎黃雅方

Q.117

把電器收納在牆面裡的技巧？

Ⓐ 精算好預留空間

想將電器收納在牆面，通常會使用嵌入式。空間較大的，可以將廚具做一個延伸，除了收納廚櫃外，順道嵌入烤箱及蒸爐，甚至連結到冰箱，讓廚房家電也能不占空間地收納至牆面及櫃體。如果是小空間，可能無法在規劃廚具時，便先預留空間嵌入冰箱，但其它家電，像是烤箱還是能和牆面做結合。

嵌入烤箱及蒸爐並連結到冰箱，讓廚房家電也能不占空間地收納至牆面及櫃體。圖片提供©維度設計

Q.118

樓梯下方的電器收納技巧？

Ⓐ 預留好電器尺寸，和電線走線的洞孔及插座

樓梯不只有串連上下的功能，階梯的下方空間妥善利用的話，是個收納好去處。因此居家若有樓梯的安排，其結構體下方多出的空間，可配合樓梯造型施作一個儲藏空間，若剛好在廚房旁，正好利用為擺放電器和雜物的收納櫃。只要先預留好電器尺寸，和電線走線的洞孔及插座即可。甚至備用的電器也可以收納在下方空間，建議可加裝門片做遮掩，視覺上比較整齊。

Q.119

餐櫃結合料理台的機能有哪些？

A 嵌入式電爐大大提升使用坪效

開放式廚房，是現代空間設計的主流，但餐廚區內林林總總的餐具、小家電、食物等收納，卻往往成為家中亂源，讓屋主傷透腦筋。餐櫃其實可以增設與之平行的料理台，不僅具備輕食、品酒、備餐等多元機能，大多會使用的嵌入式電爐，還能滿足烹調需求，甚至下方空間，可以規劃容量倍增的收納，讓家中的鍋碗瓢盆，都能妥為收藏。

嵌入式電爐不僅能取代瓦斯爐，也能有更彈性的配置。圖片提供◎觀林設計

Q.120

該如何安排最佳的收納動線？

A 冰箱→水槽→瓦斯爐順序最佳

依照一般家庭主婦的廚房使用習慣，冰箱應最靠近洗滌區，如果小坪數廚房空間不夠，常見的手法是將冰箱移出廚房，但仍應接近廚房門口較佳。至於烹飪區的瓦斯爐，即使置放位置不夠，也絕不能緊靠在牆面旁邊，要預留手臂操作的空間。

冰箱、水槽、瓦斯爐是一字型廚房最流暢的工作動線。圖片提供◎黃雅方

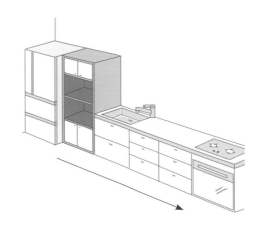

Q.121

如何兼顧廚房收納，並保持開放性？

A 看得到的吊櫃與開放櫃作陳列

在有限的空間裡，可以設置一字型廚具與廚櫃，常用的鍋碗瓢盆可以放置在這一側，下方的櫥櫃也可收納廚房備品。至於另一側，則可規劃中島吧檯，上方訂製有照明功能的雙層開放式吊櫃，可以懸掛鍋具或杯具，也方便需要的時候直接取用，甚至可穿插擺放盆栽或時鐘等居家飾品做佈置。

明亮的色彩搭配能為廚房增添美好的生活風情，無形中也能拉大空間視覺。圖片提供©福研設計

Q.122

讓中島發揮最佳收納的設計技巧？

A 雙面設計一物多用

開放式空間的廚房中島區，為了充分利用空間，通常被賦予複合式的功能，下廚時能做為備料區，也能當餐桌使用。因此可以利用中島量體做雙面設計，朝向廚房的一側可以安裝大家電，另一側則可規劃收納，比如上層吊櫃，下層是門片式收納櫃體，增加使用上的便利性。如果空間坪數較小，不妨讓中島兼具餐桌功能，中島寬度至少須留 120 公分，一半作為料理檯，另一半則留出 60 公分作為用餐區，一次省整餐桌的空間。

Q.123

小廚房該如何收納電器用品？

Ⓐ 改成開放式空間

通常小空間的廚房空間都不大，大多只能配一字型廚房，如果空間真的太小了，又想把冰箱、廚房家電都收納進廚房，根本只能用「塞」的，這時候可以考慮運用吧台嵌入家電，比如將原本的一字型廚房的牆面拆除，改成開放式，並規劃了吧檯，下方可以收納電器用品，檯面還可以當餐桌使用，提升收納效率。

Q.124

如何提升廚房角落空間的收納機能？

Ⓐ 活用瓦斯爐下方空間

可以徹底活用瓦斯爐下方空間，比如只要打開櫃門，馬上就能夠拿到常用的調味料，也可以使用立式檔案盒，採直立式收納擺放平底鍋，取用時超方便，常用的瓶瓶罐罐，比如調味料，則可以用 PP 盒收納。其實櫃門後方也是個極佳收納空間，可以用 3M 無痕膠條將資料盒固定在門後方位置，玻璃容器的蓋子就可以集中收納在這邊，包括洗米瀝水板和刨絲器、量杯，都能掛在這。

瓦斯爐下方作好系統性收納，能免去下廚料理的多種麻煩。圖片提供
◎黃雅方

PART
02

櫃體設計篇

餐廚區域的收納櫃大致可分為「隱藏型」、「展示型」、「半高吧檯」、「中島型」和「上下吊櫃」，需要依據使用習慣放置收納物，不論什麼種類，天花板吊櫃和水槽下方都是其中較難使用的區域，需要適當的設計與規劃。

Q.125

廚房的深抽屜和櫃體，該怎麼極致運用？

A 下方收大型物，上方抽屜收小物件

廚房內通常慣用的鍋具都會放置在方便拿取的位置，因此櫃體下方的深櫃體，可以用來收納不常使用的鍋具或是像沙拉盤、鐵鍋等大型重物，而深抽屜適合收納備用的餐具。在檯面的設定上，為了方便水槽及料理工作檯面使用的便利性，多會配合檯面，將深度做到 60 公分左右，更有抽屜和開門兩種選擇，特別的是抽屜深度多不做到底，以最適合抽拉的 50 公分左右為佳。

Q.126

廚房的下櫃要收納什麼最方便？

A 以使用頻率不高的物品為主

餐桌裝飾的相關物品，如燭台和餐桌巾，也都需要收納於餐櫃內，有些會在特別時刻擺設，有些則需要替換使用。這類物件因為使用頻率不高，收納空間通常以下櫃為主，但為了避免損壞或弄髒，最好先行裝盒再收納至櫃中。而且廚房也頗多零碎的備用小物或食材，像是米、雜糧、麵粉等食材，最好離地收納，以免食材潮濕，也很適合收納在下櫃。

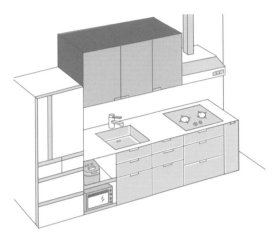

零碎的備用小物或食材，像是米、雜糧、麵粉等食材適合放置於下櫃，但要注意保持乾燥。 圖片提供◎黃雅方

Q.127

哪些物品懸吊起來最好？哪些適合收進櫃子？

A 視物品的大小輕重來判斷

吊掛在空中的廚房上櫃，基本上都以輕型的杯盤、醬料和備品等小型收納為主，加上為了不影響下方工作區的使用，深度多只會做到 45 公分左右。深度較深或體積較大的杯盤，就不適合收納在上櫃，最好擺放在櫃子裡。另外，玻璃製品也不適合放在上櫃，以免掉落時打破受傷，最好也是放在櫃子內。

Q.128

不用冰的食物要怎麼收納？

Ⓐ 規劃通風的空間或櫃體保存

不需要放到冰箱的根莖類或洋蔥、蒜頭等。可以充分使用收納盒放到廚房陰涼處保管。或是剪開紙袋後將頂端往內反折，就可以變成獨立的收納箱，這樣就不用擔心馬鈴薯之類的泥土會弄髒收納盒。許多食材雖然不用冰，但需要留意通風和潮濕問題，因此不需要冰的食材最好統一放置在固定角落，而且要保持角落位置的通風良好，不要在周遭堆放太多雜物。

Q.129

冰箱該放在什麼位置最順手？

Ⓐ 以順暢的移動路線為主

廚房的冰箱，如果可以擺放在靠近水槽處是最穩妥的。料理時可以就近從冰箱取出食材，然後放置到水槽及備料檯清理處理。如果空間上有所限制，冰箱擺放的位置盡量以方便移動的動線上為主。但最不適合擺放的位置，就是靠近瓦斯爐的區域，因為瓦斯爐的火爐燃燒時，其實 20 公分之內的距離都有一定熱度，如果冰箱靠得太近頗為危險。

將冰箱置於爐火區與餐廳區之間，最為方便取用。圖片提供◎摩登雅舍室內設計

Q.130

冰箱內的收納原則？

A 先將食物作分類再整理

收納在冰箱類的食物可利用專用托盤進行分類，並以「保存期限」為大原則，保存期短需立即食用的統一收納，最好放在與視線等高的位置，保存期長的比較方便有計畫性的使用。至於瓶裝食品、調味料等，可將形狀或高度相近的排在一起，較方便尋找。蔬菜水果類需依種類收納，已使用過的蔬菜要統一保存在密封盒中，以避免腐爛。有些蔬菜如小黃瓜、紅蘿蔔等也可立起來存放。保鮮室、冷凍庫中的食物，可依照魚、肉、乳製品等品項進行收納。

Q.131

如何創造冰箱門片的收納機能？

A 小包裝食材集中區域

冰箱內的門片處通常會設置扁平狀的收納架，大多是拿來擺放瓶瓶罐罐，但其實這一處空間也很適合收納一些小包裝的食材，比如開過的醬菜包，或是需要冷藏的乾貨，像是乾香菇、乾小魚乾或蝦米等。包裝較大的食材，可以採直立方式擺放，比較小的醬包或乾貨，可以用封口夾封緊後，採疊放的方式加以收納。瓶瓶罐罐的擺放也可以用一前一後的交錯方式擺放，增加擺放空間。

圖片提供◎黃雅方

Q.132

廚餘和垃圾如何收納才能保持整潔？

A 順手處增加暫時性收納

常下廚的人，大多可以體認到每一餐製造的的廚餘和垃圾量其實不少，比如削蘿蔔時的蘿蔔皮，削水果的時候製造的皮屑，或是撥蒜頭及切蔥時，去除的表皮等廚餘，這都還不包括蔬果的包裝袋這些同步製造的垃圾。最麻煩的就是蔬果處理時的廚餘，因為大多是潮濕且帶殘留果肉的。除了廚房垃圾桶，建議流理臺旁也擺放一個小型的廚餘收納桶，直接承接處理食物時這些廚餘帶來的水漬，就不會髒污了地板，保持廚房整潔。

Q.133

電器櫃內的電器擺放技巧？

A 以使用頻率作配置

家家戶戶都不能缺少的廚房家電，其實擺放上也有小技巧。比如置放於電器高櫃中的烤箱、蒸爐和微波爐等設備，擺放高度務必要考量到使用者的身高，以操作方便和順暢為重點，當採取上下堆疊配置時，請以上方電器的高度為基準，由上往下順疊。一般來說，使用頻率高、重量又重的烤箱應該放置在中間位置或是下方，方便拿取烤箱內的食物也比較不會被燙傷。

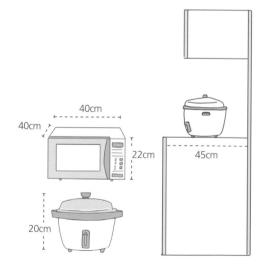

預先量好家裡電器櫃大小，再採購適合的電器，才能避免過大過小造成空間浪費。
圖片提供◎黃雅方

Q.134

能展示也能收納的餐櫃應怎麼規劃？

Ⓐ 開放式櫃體兼具實用與展示

在家也能有餐具展示牆！用來展示餐具的餐櫃多半以玻璃作門片，將上櫃視覺聚焦區設計為展示用，而下櫃則以收納為主，內部的層板高度由 15 ～ 45 公分均有，取決於收納物品高低，如馬克杯、咖啡杯只需 15 公分即可；酒類、展示盤或壺就需要約 35 公分，但一般還是建議以活動層板來因應不同的置放物品。

至於餐櫃深度約為 20 ～ 50 公分較佳，有不少款式會因上下櫃功能不同而有深度差異。寬度則因有單扇門、對開門及多扇門的款式而不一樣，單扇門約 45 公分，對開門則有 60、90 公分，而三～四扇門的餐櫃多超過 120 公分寬。

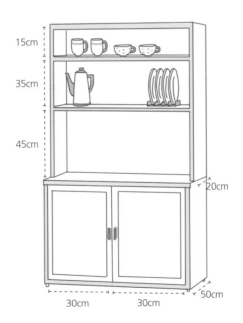

掌握好餐具尺寸，就能以最小空間達到展示目的。圖片提供◎黃雅方

收納物件篇

餐廚區域牽涉到用餐、料理時種種需要的器物與食材，需要彙整出物品的使用頻率，再想想「在什麼地方使用物品」，就能找到每個物件最適合的放置區域。

Q.135

家中收藏的名酒怎麼陳列收納最佳？

A 固定式設計預防瓶身滾落

若是紅酒類的酒瓶，大多採平放，收藏在陰涼通風處。需要注意的是紅酒架的深度不可以做的太淺，瓶身才能穩固擺放，主要是避免地震時容易搖晃掉落。一般來說，深度約做 60 公分為佳，若想卡住瓶口處不掉落，寬度和高度 10X10 公分以內即可。若收藏的酒類範圍眾多，瓶身大小不一，則適合做展示陳列，成為空間裝飾。

圖片提供◎演拓空間設計

Q.136

餐桌該怎麼收納最不占空間？

Ⓐ 伸縮機能省下大空間

小坪數的房子，每個空間都須善加利用，對於餐廳的配置，應考量到家中成員多寡，以及考慮到宴請親朋好友時，餐桌合適的大小尺寸。如果空間實在不大，餐桌必須具備不同的大小機能，那麼可伸縮的餐桌是一個不錯的選擇，平日可保留日常生活起居的動線，等有訪客來訪，能延伸到更大的尺寸，讓餐桌的實質功能幫助空間運用上更靈活。

餐桌預埋滑輪軌道，可輕鬆拉動餐桌，並在桌角內側裝置可固定的活動鈕，餐桌推入櫃體時，巧妙收進夾層裡。圖片提供◎均漢設計

Q.137

備用餐椅該怎麼放才省空間？

Ⓐ 折疊椅好收好整

空間過於狹小，可多利用具有可折疊及收納機能的傢具，藉由收放或折疊，讓出更多空間，進而提高空間機能性與坪效使用。例如餐廳的餐椅，平日沒有客人來訪時，可以擺放剛好符合需求數量的餐椅，但一旦家中有訪客，備用餐椅就可出動。而平日這些備用餐椅可以收納在牆邊或在規劃餐廚收納櫃時，先預留一個空間專門擺放也行。

Q.138

下廚時的調味料或相關用品，怎麼收納最順手？

Ⓐ 先分類後集中作收納

如果是較常使用的鹽、油、調味料等，可以在瓦斯爐正下方抽屜、側邊窄櫃，或吊櫃下方規劃一些隱藏收納櫃，就能滿足擺放整齊且便利使用的功能。這類型的五金規劃上，多有既定尺寸，但究竟要選擇哪種規格的五金，還是會依照使用空間進行規劃。而常用的乾貨類或調味料，可放到透明容器，識別容易。開過的東西就放到夾鍊袋裡面。為了料理時方便取用，乾貨類可以挪到抽屜前面。空出後方的位置，來擺放高度較高的容器。

瓶瓶罐罐集中收納能讓空間少了零碎感，也更好拿好找。圖片提供©Yvone

Q.139

廚房檯面怎如何佈置最順手省空間？

A 依料理動線作規畫

廚房的檯面，要依據使用習慣來調整動線，因此烹飪習慣和慣用手是哪一隻，都會影響動線的配置。通常冰箱盡量擺放在靠近水槽的位置，水槽和瓦斯爐中間的檯面，是俗稱的備料檯，至少要有 80 ～ 140 公分的寬度，料理時的預備檯面才夠用。而調味醬料等建議利用懸掛式籃子收納在壁面，如此一來，在水槽清洗好的蔬果需要醃漬時，馬上可以從壁面上拿取所需的調味用品。水槽的另一側也建議預留 40 ～ 60 公分，讓碗盤有順手暫放瀝乾的空間。

以右手為主的流程而言，冰箱→水槽→瓦斯爐為最佳動線，但要注意冰箱門的開闔方向，向左開啟較順手。圖片提供◎黃雅方

Q.140

如何應用不同尺寸的抽屜櫃收納餐具？

Ａ 尺寸相近的集中管理

餐櫃抽屜中的分格以取放順手為主，因為使用習慣不同，所以每個人的排列規則不盡相同，最好能依照自己的喜好搭配組合。而餐櫃裡會有刀、叉、筷子及大大小小的湯匙等，體積小但種類多的小物件，適合以薄抽屜配合。至於餐墊、紙巾、碗、盤、咖啡杯、茶具、茶罐等，這類尺寸不一的物件，則可設計較深的抽屜， 或在內部利用活動層板調整收納空間。

Q.141

怎麼收納紙袋／塑膠袋？

Ａ 扁平化收納最省空間

雖然現在都在講究環保，但生活中難免還是會拿到一些塑膠袋和紙袋，只要好好集中收納，都可以再做利用。最適合收納的地點，自然是廚房，因為生活類採買最容易拿到紙類和塑膠袋，建議收納在抽屜或找個適合尺寸的紙箱集中管理，紙袋可以依照摺痕壓平，扁平化收納最省空間；塑膠袋可以折起來，或是打一個扭結，比較好收納。這些收集起來的紙袋和塑膠袋，可以再當購物袋使用。

Q.142

如何應用玻璃罐作收納？

Ａ 乾貨類的好歸宿

近幾年很時興利用玻璃罐做居家收納，因為玻璃材質不會像塑膠材質容易殘留食物的味道，時間久了容易有異味，而且能隔絕潮濕，對食材的存放比較好，因此玻璃罐很適合用來存放乾貨類，像是米、義大利麵條，或是綠豆、薏仁、紅豆之類的雜糧。如果要存放醃漬的醬瓜醬菜，建議玻璃罐的密封條要確認封的嚴實，擺放在冰箱或陰涼處。

Q.143

L型中島式開放廚房檯面怎麼配置最佳？

Ⓐ 運用金三角使用動線

L型中島可以「金三角動線」作規劃,所謂的金三角指的是冰箱、洗滌區和烹調區的三角動線,可依據使用習慣和空間條件作規劃,L型廚房的設計目的是希望能提供2人一起分工料理的空間,因此水槽與瓦斯爐的轉角處需有60～80公分,才能同時容納2人使用。廚房內可設計電器高櫃作為烘烤區使用,將烤箱、蒸爐、微波爐等以堆疊方式整合於此,高身櫃旁的檯面距離則需要有40～60公分長,方便擺放烘烤時所需的材料與完成品。

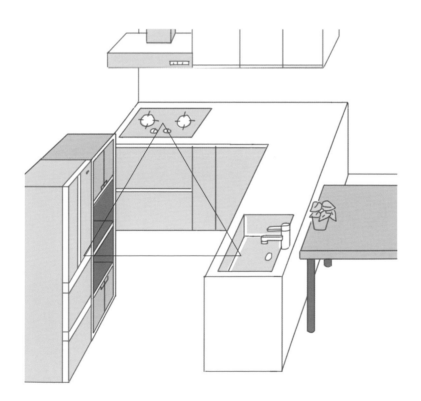

L型或大規模的廚房空間,適合先掌握黃金三角動線再進行整體空間的規劃。圖片提供◎黃雅方

Q.144

零散的小物品應怎麼運用收納品作收納？

A 利用輔助收納容器作分類

市面上不論是 49 元居家用品店，或
是日系家居雜貨店等，都有不少收納
輔助小物，特別是收納盒、箱子等，
特別適用於廚房。尤其是流理檯下方
的空間，很適合擺放霧面收納箱。而
且霧面收納箱通常有很多尺寸可挑
選，就不會浪費掉一絲的空間。加上
造型大多都統一成四角形的關係，看
起來十分乾淨。因為是半透明的霧
狀，所以只要稍微蹲下來，很簡單的
就能看到裡面的物品。也可以在收納
箱上黏貼分類紙條，幫助尋找物件。

運用市面上販售的各種收納小物，能
有效讓雜物系統化的整理。 圖片提供
©Lily Otani

Q.145

鍋碗瓢盆要怎麼快速收納？

A 從功能中作區分

每個人喜好的廚具用品不一，因此應該配合自己的規則來集中收納。比如種類
繁多、形狀與尺寸各異的廚房小物，可以使用抽屜式收納盒，鍋具類可以使用
有一定長度和深度的收納盒，來收納形狀各異的廚房用具。至於保存容器類，
可以將容器和蓋子分開收納，分開疊放才能節省空間。而玻璃容器，建議採重
疊收納，使用頻率不高且難收納的鍋蓋，可以用兩根伸縮棒掛上鐵架，來當作
鍋蓋收納的固定位置。

Q.146

想在用餐區擺放展示品，櫃體該怎麼選擇？

Ⓐ 開放展示櫃增加用餐好心情

隨著時代轉變，餐廳內的餐桌愈來愈結合書桌或工作桌等複合式機能，因此餐廚的櫃體，開始身兼書櫃和展示櫃，因此結合收納的展示餐廚櫃，成為常見的餐廳收納櫃類型。但這類收納櫃的展示，常常會看到很多杯盤和餐具等，這時可以簡單選擇現成的廚櫃擺飾，或是設計一層深度略淺的展示櫃，也可以依照擺放的物品，來決定尺寸大小。

整面式的收納架既能大量陳列，也具有穿透感。圖片提供◎北鷗設計

Q.147

喝水的杯子該怎麼收納？

Ⓐ 以使用頻率分類擺放

家中的杯子通常可拆分為常用和不常用兩種。不常用的杯子自然先收放在櫃子裡，廚房檯面上擺放的物品要以常用為優先。如果是水杯，建議在購買的時候盡量挑選可疊放的品項，如果是馬克杯，可以懸掛在壁面或下櫃，按序遞放，視覺上比較整齊。如果無法懸掛，可以改利用深度較淺的層架來做擺放，馬克杯的把手最好同一角度，將馬克杯變成廚房的展示，呈現生活感。

Q.148

常用的樂扣盒便當盒大小不一怎麼收納？

Ⓐ 分開疊放最省空間

廚房少不了大大小小的瓶瓶罐罐，就是因為尺寸不一，所以廚房的收納總是特別需要融合這些瑣碎物件。像是保鮮盒，通常會有各式不同尺寸，好依據存放的食物容量而選擇規格。大小不一的保鮮盒通常是採疊放，建議將盒子和蓋子分開收納，依照尺寸由大到小，將盒子疊放在一起，蓋子也比照辦理，放置一旁，相對可以節省不少空間。

Q.149

大小不同的電器要怎麼收？

Ⓐ 集中於櫃體中存放

大小不同的電器，需要安置在不同櫃體。小型電器櫃配置在吧檯或中島，使用時不用特別繞進廚房，使用上便利亦達到有效運用空間。而大型的電器，可以訂製專門收納的櫃體，建議櫃體的寬度至少要 60 公分，可以收納微波爐和烤箱等尺寸較大的電器，尺寸小的電器，比如瘦長型的咖啡機或熱水器等，就可以收納在吧台或中島上。建議電器櫃加入抽板式五金，只要輕輕一拉便能把放置在裡面的電器拉出來，使用上輕鬆不少。

整理心法 & 佈置

由於各種餐具、食材都會收納在這裡，整理時就要以「怎樣收納最容易看得見、最方便使用」為原則，因此，使用頻率、種類、形狀、大小就是餐廚物品進行收納排列的重點。

Q.150

餐具要怎麼分類擺放才不會凌亂？

A 分開收整、集中收納

餐具通常又重又瑣碎，不好收納，這時候可以利用籐籃先將筷子和木製餐具分開收納，而不鏽鋼餐具，建議可以用壓克力收納盒收納比較不會刮傷收納籃。至於每餐都會使用到的筷架，可以集中用小盒子收納，甚至可以重疊擺放，安置在抽屜前面，而偶爾才會用到的紅酒開瓶器、開罐器，適合固定擺放在抽屜後方。

Q.151

體積較小的筷子、湯匙、刀叉等，怎麼收納才好用好找？

A 放在順手好拿的淺層抽屜中

不論在餐櫃或廚櫃，體積比較小的刀叉和湯匙，通常會利用一些高度較低（約 8 ～ 15 公分）的淺層抽屜，收於下櫃的第一、二層，內部運用簡易收納格或小盒子做分類收納，就能快速而清楚地找到所要的東西了。也可以運用直立式收納盒，直接插放在內，簡單明瞭且好收納。

體積較小的餐具可收納於淺層抽屜中，使用時較能一目了然。圖片提供 ©江建勳

Q.152

廚房中有一些狹窄的畸零區該怎麼運用？

A 活動式收納籃提升坪效

由於廚房設備大多有固定尺寸，空間中難免會出現些狹窄的畸零區令人頭痛不已，建議可選用一些寬度窄的側拉式收納籃填補這些縫隙，同時增加收納。最常見的是寬度 30 公分以下的四層收納籃，深度通常有 60 公分，可事先量好空間尺寸再決定使用。

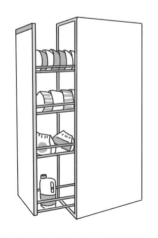

體積較小的餐具可收納於淺層抽屜中，使用時較能一目了然。圖片提供 © 黃雅方

Q.153

廚房的電器該如何解決散熱問題？

A 層板之間留孔隙

由於廚房的電器用品，大都會散發熱氣或水氣，若要將電器收在櫃子裡，櫃子本身必須要預留排熱孔，在層板與櫃門之間，也要預留些許空間，讓水氣和熱氣能外流出去。否則櫃子內部長期處在潮濕的環境下，木製櫃板容易發生膨皮或貼皮脫落情形。比如門片可以做百葉扇式，保持通風和散熱功能，同時可遮蔽電器。

電器櫃能讓電器集中收納，但仍要重視通風散熱的問題。圖片提供◎摩登雅舍室內設計

Q.154

訂做廚房電器櫃體時需要注意什麼？

A 當心蒸氣使材質變異

廚房櫃體通常會結合電器櫃，常見的家用廚房電器有微波爐、烤箱等家電，不僅外型較為方正，尺寸落差也不大，只要注意好散熱問題，將深度和寬度設計在 60 公分上下，並給予約 48 公分以上的高度就可以了。但假如遇到像電鍋和飲水機等體積變動較大，並有蒸氣問題的家電，建議做成抽拉盤或上方開放式的設計，以降低蒸氣對板材的影響。

Q.155

怎麼利用深櫥櫃做多元收納？

A 利用收納器皿作管理

櫥櫃的深度較深，代表可以收納的物品愈多，建議可以利用不同大小的收納器皿當作抽屜，來做多層次的收納。可以拆解成深度較淺和深度較深兩處，深度較深的地方，適合收納不常使用的物件，像是日常備用藥品、備用餐具杯盤等；深度較淺的地方，自然擺放常用物件，比如慣用的餐盤杯具等。櫥櫃如果夠大，下方空間也可以拿放收納廚房的備用小家電，像是電鍋、烤麵包機等。

Q.156

幫助廚房收納更靈巧的小道具有哪些？

A 特製拉籃便於暫時性收納餐具

大型的鍋具、沙拉盤等器具，無法放入烘碗機，卻又不能濕答答地放到廚櫃裡，擺在廚檯既占空間又難看，這時不妨使用簡易的鐵製拉籃搭配下方一面大型鐵托盤作為盛水使用，就可以同時解決鍋具收納與晾乾的問題了。

Q.157

少開伙的廚房的收納小技巧？

A 保留基本日用品

再怎麼不愛下廚的家庭，都不能否認廚房還是有存在的必要性，最低限度的需求，至少偶爾會煮些東西吧！所以基本的鍋碗瓢盆還是會有的。既然少開火，廚房更要注意收納的動線，避免因為少使用，反而遺忘了擺放位置。比如統一集中在下櫃，都物件集中，即使不常下廚，也能順利的找到東西。

{ Column3
居家整理邏輯課 }

廚房料理檯的收納學

由於下廚、烹飪料理集中在廚房的料理檯區域，因此這裡可說是餐廚中心的一級戰區，動線只要稍有不順，就很可能影響料理的節奏與心情，不妨把這裡看成一個大型料理機器，依據下廚者的身形及習慣為這一區的收納作定位。其中 4 個最核心的區域算是「水槽下方」、「瓦斯爐下方」、「上櫃」、「料理台下方抽屜」，這裡的物品基本上要以常用、必用為考量，換句話說不常用、備用等物可以收在別的地方，讓所有動作都能在這裡無阻礙的進行。

諮詢顧問／居家整聊室講師林筱婉

1. 主要收納常使用、較輕的物品

像是保鮮膜或是鍋墊體積較輕較小，使用頻繁的物品。

2. 不常用的物品

如備用鍋具爐具等。

3. 經常使用的物品

只要下廚就會用到的物品。

4. 較重的、偶爾使用的物品

5. 水槽處

收納會用到「水」的物品，像是料理事前準備或是清洗時會使用的物品，像是刀架、砧板、削皮器等。

6. 瓦斯爐處

收納會用到「火」的物品，凡是開伙做菜時需要動用的品項，例如調味料、食用油，或是鍋鏟、長筷、攪拌杓等等。

7. 料理檯下方抽屜

較瑣碎的廚房用品，像是餐具、抹布、開罐器、打蛋器等等。

居家整聊室講師林筱婉表示，無論什麼區域，整理時都要記得先「下架」—還原空間，當所有物品擺在一起時，心中的比較值也會浮現，也會更清楚什麼該留什麼該丟。餐廚物品依區域一一上架後，也要以直立擺放為原則，才能建立一目了然的取用動線。

Chapter

04

STUDY
書房

用筆記下家中書房的收納需求與空間形式，才能了解接下來的收納重點喔！

☑ 書房收納核心評估

空間位置

☐門後
☐壁面
☐樑下
☐柱間
☐架高地板內部
☐隔間牆
☐畸零角落
☐其它

櫃體形式

☐門片式收納櫃
☐抽屜式收納櫃
☐展示型收納櫃
☐開放式收納層板
☐地面上掀式收納櫃
☐其它

收納需求

☐書籍雜誌
☐帳單文件
☐紙筆文具
☐電腦週邊
☐視聽影音
☐嗜好收藏
☐其它

S T U D Y

PART 01

空間裝潢篇

由於可以是封閉式的書房空間,也可以作為開放式的閱讀空間,書房的存在雖然不是必要,卻常是居家中可以靜下來的角落,在空間中除了思考其收納之外,也要避免空間雜亂。

Q.158

書籍如何收納在開放的空間中?

A 學習隱藏收納與去量體化

如果書籍很多,那代表需要有很多櫃子收納,但又不希望空間充斥著櫃體,如何讓收納隱藏與去量體化,便成為規劃重點。建議可以利用空間的深度,將書櫃看似有如內嵌於隔間牆內,來化解量體的存在性,無論是展示或是收藏品的擺放,皆能創造出家中的一面美好風景。櫃體深度建議至少要 30 公分,可以增減櫃體的深度,讓視覺不單調,同時提供不同物件的收納與展示。

Q.159

書櫃層板如何避免變形？

A 掌握尺寸與材質承載性

書籍一旦量大，就有一定重量，因此層板的材質選擇和書櫃尺寸都要注意。收放雜誌的書櫃層板高度必須超過 32 公分，但如果只有一般書籍，就可以做小一點的格層，但深度最好還是要超過 30 公分才能適用於尺寸較寬的外文書或教科書。格層寬度的間距最好避免太寬，導致支撐力不夠，書籍重量壓壞層板。為了避免書架的層板變形，建議木材厚度加厚，大約 4 ～ 4.5 公分，甚至可以到 6 公分，不容易變形，視覺上也能營造厚實感。

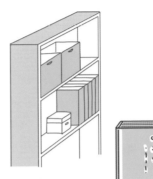

參考書本大小，設計層板高度，不僅可收納各種尺寸，也能讓視覺變得豐富。圖片提供◎黃雅方

Q.160

收納層板櫃體的材質，選擇上應注意哪些問題？

A 重視層板支撐力

一般裝修時使用在書架層板的板材，大多是木芯板，建議厚度至少要 2 公分以上，橫寬則控制在 80 ～ 100 公分為佳。如果橫寬超過 100 公分，即應適當的增加板材厚度或增強結構，而且大約每 30 ～ 40 公分就要設置一個支撐架，也可以乾脆使用鐵板為層板，或用鐵管做支撐架材質，金屬材質的支撐力較好，就能避免這種情況發生。

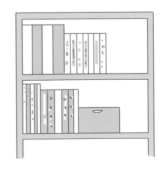

書櫃若超過90 公分寬，上下層板之間加上立柱，能作為層板的支撐。圖片提供◎黃雅方

Q.161

書房的照明線路，如何規劃才能減少空間壓迫感？

Ⓐ 選用漫射性光源為佳

功能性的空間對照明需求較高，例如書房。除了重點照明須達到 500 Lux 以上之外，燈具如何進行配置也是重點考量，燈具避免裝設在座位的後方，如果光線從後方打向桌面，這樣閱讀會容易產生陰影，可以選擇在天花板裝設均質的一字型燈具、嵌燈或吸頂燈，維持全室基本照度，並輔以閱讀檯燈作為重點照明。此外，選用漫射性光源為佳，書房照明首要需重視工作區域的適當亮度，像最經常使用的書桌照明，可以將燈光內藏於上方書櫃下緣，或選用防眩光的檯燈作為重點照明，避免直接的投射性光源。

Q.162

如何在客廳中規劃書房般的閱讀空間？

Ⓐ 運用櫃體劃出場域

如果要在客廳內增設一個書房般的閱讀空間，可以設置雙面櫃，連接不同空間。在書房中像是書櫃、在餐廳則做餐櫃，透過雙面櫃讓空間有自然屏障，又可串起各區域間的關係。兼具隔間功用的雙面櫃，肩負了隱身在客廳角落的書房功能，同時可以收納書籍和文房小物，書櫃旁可以擺放書桌和立燈，馬上化身為書房模式。

頂天書櫃界定了客廳與書房，也讓整體視覺性變高。圖片提供©方構制作

Q.163

如何規劃家中的辦公空間？

A 先確認核心物件的置放方式

如果家中能夠有獨立的書房空間，很適合做辦公空間。書房中的櫃子，除了可擺放藝術品作為美型收納，也可擺放書籍與文件。沿著書房上方所設置的嵌燈，向上投射的間接燈光令空氣呈現不同氛圍。角落也可以規劃一個放置事務機的櫃體，兼顧各種置物需求的櫃體，讓收納機能十分完善。櫃子下方可以規劃抽屜，可用來收納文件或其它雜物，書桌擺放不下的物件也可就近放置在此處，這樣一來，事務型設計收納完善。

Q.164

書房的窗邊空間如何充分運用？

A 臥榻區也是舒適的閱讀區

書房的窗邊，很適合規劃一整排的臥榻，可舒服地窩著看書，或是與朋友聊天談心，對空間利用上來說，可以營造閒適氣氛。除了生活感之外，臥榻下方同時隱藏著大量的收納空間，可以輔助收納機能。建議收納櫃的形式可以做抽屜式，抽取較方便。上掀式的收納蓋也是種選擇，端視書房的空間大小和使用需求而定。

椅面下的櫃子除了置物外，還可以拉出來作為獨立椅凳，椅子內可以放置書籍或是文具，達到隨手收納的方便性。圖片來源:禾光室內裝修設計

如何結合收納與美觀，讓書架成為空間裝飾？

A 需從材質、配色、整體設計動腦筋

書櫃設計以開放和隱蔽兼具最佳，但需要留意比例上的分配，才不會讓書櫃顯得雜亂又笨重。有門片的隱蔽書櫃，自然以實用為優先考量，裡面可設計能調整高低的層板，以應付各種規格的書籍，最好是甚至能放個兩～三排書都可以。書櫃以實用為首宗，但美觀也很重要，建議需從材質、配色、整體設計動腦筋，也可以挑選好看的木皮為櫃體做貼皮，或是利用鐵件打造時興的工業風，都能增添書櫃風采。

薄形鋼板製的白色層架與藍色搭配，可展現出有型有款的閱讀風景。圖片提供◎福研設計

Q.166

保持視覺平衡的書櫃應如何設計？

A 利用內嵌或淺色系來淡化量體

書櫃的體積通常不小，占空間內一定比例，而且有時候會兼具收納櫃使用，櫃體佔據了一整面牆的面積，為了保持視覺上的平衡，會盡量利用內嵌或淺色系來淡化量體的龐大。也可以做不對稱的書櫃設計，讓櫃體的線條成為空間裝飾，就能保持視覺上的平衡。或者書櫃不做高，不做滿，也是一種保留視覺空間的方式。

Q.167

如何規劃具展示效果的書籍收納空間？

A 要有不同尺寸的收納空間

除了將書本直立集中於櫃體外，針對自己珍藏的某些書籍，其實也可以透過展示的方式陳列出來，一般來說最常見的方式就是在牆面加上帶有溝槽的淺層架，因為是書本的展示，通常深度只需要5～8公分左右，可讓書本以正封面的呈現方式提供欣賞，同樣的淺層收納架也可用於展示DVD、VCD等。此外正封面陳列的方式也有如一般圖書館書櫃的作法：書架中增設斜面層板，斜面部分可收納單書，而內部則可讓書本疊好收納。

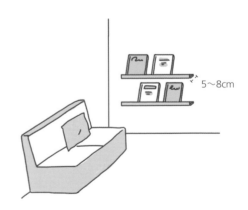

長條式的淺層架可以在牆面上多設幾組，能為空間增添展示效果。圖片提供◎黃雅方

如何創造更多的書籍收納空間？

A 利用垂直高度創造出整面書牆

可以嘗試結合樓梯與夾層，透過複合式設計的簡約線條，讓空間有放大效果，豐富的藏書也能成為具人文氣息的牆面風景。書牆的高度取決考量屋主藏書，如果多為精裝大開本，每一層的層架高度建議 30 公分以上，如果是一般書籍，每一層的層架高度也至少要 25 公分比較保險。有效率的運用每一層的層架高度，可以不浪費空間，多增加一到兩條書架橫幅，充分發揮收納機能。

落地式大型書櫃，折角概念提升了這一區塊的視覺延展性，也在無形中放大了書櫃。圖片提供©白金里居室內設計

櫃體設計篇

一般來說書房櫃體可分為開放式、半開放式和隱藏式三種，開放式利於分類整理、取用放便，隱藏式能遮擋凌亂，使用彈性高，半開放式則是兩者折衷，可視平時閱讀的頻率與習慣作考量。

Q.169

如何拿捏書櫃的高度和深度尺寸？

Ⓐ 視實際擺放的書籍而定

以人體工學而言，超過 210 公分以上的書櫃高度較不易使用，但以收納量來講，當然是愈高放得愈多，因此建議將書櫃分為上、中、下三個層次，常看的書放在開放式的中層，方便檢視及拿取，不常看或收藏的書放在上層及下層，除了可以做門片遮蓋，避免沾染灰塵，上層的門片也可避免五顏六色的書顯得雜亂或帶來壓迫感，而下層門片，則能減少在行走及活動時揚起的灰塵或是碰撞。書櫃深度與高度，要視實際擺放的書籍而定，30 公分深對於大多數書本都足足有餘（A4 尺寸為 21×29.7 公分），至於高度則端看使用者需求可自訂。

Q.170

雙層書櫃的設計要點？

Ⓐ掌握尺寸提升書籍收納量

書量較多的情況下，可以規劃雙層書櫃，或
是利用高度將書櫃做到置頂。正常的雙層書
櫃約 60 ～ 70 公分深，若想更節省空間，
可讓前後兩層書架的深度不一。比如前櫃深
度約 15 公分，可以收納小說或漫畫，至於
後櫃深度可以保留 22 ～ 23 公分左右，整
體深度加上背板厚度就可縮小至 40 公分內，
既增加收納也不會太過佔據空間。

活動式的雙層書櫃能有更大的收
納量。圖片提供◎黃雅方

Q.171

大量書冊應如何收納？

Ⓐ用燈帶減少空間負重

建議可以從牆角開始延伸一整面的收納櫃，如果怕空間壓迫，櫃體可以不做到
滿，再以凹槽的設計來方便打開門片。如果櫃體做滿，視覺上怕太過緊繃的話，
或許可以利用上下拉燈帶的設計，透過燈光的照明，讓視覺上具有飄浮感，或
是櫃體離地約 5 ～ 10 公分，也能舒緩對空間的視覺負擔。

Q.172

如何活用層板高度增加收納？

A 收藏展示、雜物、電器高彈性應用

只要是櫃體，都具有收納功能。因此雖然說是書櫃，也只是代表這個櫃體的設定主要功能是收納書籍，但自然也能拿來收納其它物品。尤其台灣大部分的居家空間都不大，需要善加利用每一寸可以被利用的空間和櫃體。書櫃除了擺書，也很適合拿來收納屋主的收藏、雜物，甚至可以在書櫃下方增設一個有門片的高櫃，櫃體內可用來收納吸塵器或打掃器具，也很適合。

除了擺書，開放式收納櫃也適合作為展示陳列之用。圖片提供◎禾光裝修設計

Q.173

書櫃還能增加其它機能嗎？

A 結合家具的複合式機能

小空間的書房，要善加利用天地壁的空間，比如設立頂天立地的書櫃，書櫃上層愈靠近天花板的部分，因為拿取不易，不適合放書，但可以做有門片的收納櫃，擺放不常使用的小物，並利用門片做遮掩。靠地面的位置，可以收納常使用的小物，一樣利用門片做遮掩。如果空間小到無法擺放獨立書桌，桌面也可以和櫃體規劃在一起，做摺疊式，不使用時可以收起，也是小空間要容納書房的妙招。

如何創造極小書房空間的天地利用？

A 特別注意的是層板的承重力

不論哪一種書櫃，都是由層板組合而成，標準的書櫃層板每層高 30 公分，最多不超過 40 公分，深度則大約為 35 公分（30 至 40 公分皆可）。在這裡要特別注意的是層板的承重力，一般採用活動層板的系統櫃，極易因放置書籍過多過重而變形，若採固定層板則較為堅固，但缺點是不能隨意調整高度，因此在選擇書櫃時，最好先確定要放置的書籍物品的大小、重量。書櫃的每一層最好都有立板適當阻隔，讓書籍直立不倒，每一立板的間距約 40 至 80 公分，若做成活動立板，還可視需要自行調整間距。可將層板以高低錯落或垂直並排的方式排列，增加更多的收納空間。

書櫃中活動層板的設計能彈性選擇所需要的高度，對於較大開本或極小開本的書，也能在極省空間的情況下作剛剛好的收納。圖片提供© 禾光室內裝修設計

Q.175

書本大小不一該怎麼收？

Ⓐ創意書架提升實用效能

如果藏書豐富，導致書籍尺寸大小不一，其實不對稱的書架反而是更好收納的手法。比如舉凡大型的百科全書到小說，更甚至漫畫、CD 等，都是收納的項目，可以規劃一個頂天立地的木作書架，以 15-40 公分為級距，做出不規則的大小隔間，形成不對稱的美感，也因為要收的東西本來就大小不一，反而更加好收。

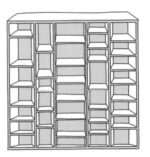

運用幾何圖形或不規則的層板，不僅能收納各種書，也很美型。圖片提供◎黃雅方

Q.176

擴充書房收納的好方法？

Ⓐ全方位的活用空間

書房空間上如果有限制，那麼就要全方位的活用空間。比如文件放入資料夾，並控管在收納架的容量範圍內，多出來就進行整理。抽屜前方空間擺放使用頻率較為頻繁的物品，物品取用上比較方便。而比較不好拿取物品的上層空間，可以用來收納不常使用的檔案盒。至於雜誌、相簿等大尺寸的書籍，中間剛好適合用來放這類物品，善用空間也是一種擴充收納的方式。

Q.177

書櫃如何結合書桌增加使用性？

A 需考量好收好拉的五金

如果要有效利用空間，書房在規劃上可以結合書桌和書櫃為一體，同時兼有展示及收納功能，能幫助狹窄空間擴大應用，增加機能。但是在設計書櫃前要先瞭解自身的閱讀習慣，如果書籍大多厚重，越要做好丈量和注意承重，建議用開放式書架，方便拿取。書桌和書櫃的結合可以做折疊式或是收納式。折疊式會佔據書櫃一部分面積，且收納容易。收納式則是將書桌從縫隙中拿出，比較節省空間，但收納比較麻煩。書櫃結合書桌的設計雖能提升使用性，但需考量好收好拉的五金，才能長久耐用。

櫃體結合折疊式的書桌，能巧妙提升空間坪效。圖片提供◎馥閣設計

Q.178

一般都說系統書櫃樣式少，是真的嗎？

A 變化多元選擇眾多

大眾對系統櫃的認知上，都知道系統櫃是大量化生產，因此板材規格與樣式會有所限制，讓它不論在造型樣式或色彩紋路，都相較量身訂作的木作櫃來得呆板。但隨著生產技術日益發達，雖然還是不比木作的彈性，但系統板材也開始出現更加多元的色澤紋路，已較以往活潑許多。

Q.179

書房如何兼顧收納與展示功能？

A 用光影照明提升質感

書房承載了大量的書籍，同時也是閱讀和做文書處理時的空間，建議以暈光來帶出空間的溫潤質感，因為書籍較重，可以用承重力較好的鐵件來打造框架，層板的部分可以選擇較工業風的鐵片，或是溫潤質感的長條木片層板，來迎合書房的沈穩氣息，再搭配暈黃的燈光，讓層板放置展示品在美型功能上更為加分，擺放書籍也頗具美感，兼具收納和美感。

櫃體中多了投射燈光，陳列品質感立即展現。圖片提供◎維度設計

| 空間裝潢 | 櫃體設計 | 收納物件 | 整理心法&佈置 |

Q.180

和式書房的地板櫃設計有什麼眉角？

A 上掀或側開選擇多

和式空間因為地板會架高，因此下方的空間如果妥善利用，是個收納好去處。尤其是如果把和式當成書房，不但地板下的空間可做利用，和式也可以身兼客房功能。至於地板櫃的設計，普遍是做成上掀式的九宮格狀，另一種較實用的做法是側邊做抽屜。抽屜好開，東西也好拿取，不過深度最好不要超過1米，一來放滿東西後會太重，若五金滑軌用的等級不夠，會不好開，二來和室前方也得留開抽屜的空間，不然無法完全打開。

小空間中除了壁面外，地板也能有大面積的收納應用。圖片提供◎構設計

Q.181

畸零空間該怎麼規劃書櫃？

A 吊櫃下方應用空間廣

可以善用過道的畸零區域設置書房，就有了專屬的閱讀空間，如果空間不足，可以利用天花板上方設置吊櫃，留出下方的書寫領域，為避免開放書櫃令空間顯得凌亂，深色門片的收納櫃可以隱藏櫃體的存在感，而中間可以做鏤空設計，除了可擺放裝飾品，亦是穿透空間的效果，也讓畸零空間有了發揮價值。

利用天花板上方設置吊櫃，就能留出下方的書寫領域。圖片提供◎大晴設計

Q.182

為數眾多的扭蛋公仔或光碟可以收納在書櫃中嗎？

Ａ 帶狀櫃體收納有巧思

如果收藏數量較多的扭蛋公仔或光碟，可以利用帶狀櫃體收納，來化解吊櫃壓迫，CD 和 DVD 收納通常會和書櫃做成一體，因此在規劃上，建議可以採用不規則分割，來製造櫃體的趣味性，比如櫃體中間以帶狀櫃體做分割，成為書櫃的造型線條，同時又能收納 CD 和 DVD。如果不想跟書櫃做在一起，也可以用帶狀吊櫃的方式來做收納，而且讓帶狀吊櫃化身為空間內的牆面線條，既做好收納，同時替空間加分。

Q.183

可展示又可收納的書櫃如何設計？

Ａ 幾何分割打造收納造型

可以利用比例分割為設計概念，將單調的書牆做幾何分割，由於皆有比例相對關係，因此看似不規則，卻有其協調感，同時可擺放展示品。也可以在其中穿插有色的門片，來豐富視覺變化，或是利用深淺跳色效果，增添活潑感受。層板設計建議是固定式，不只是為了維持視覺比例，同時也增添了書架乘載力，如此一來，書牆成為空間裡最美的端景。

顛覆書本收納的傳統，設計師將書本融合於家具之中，成為桌體有趣的結構設計，是極為巧妙的收納創意。圖片提供©均漢設計

Q.184

如果藏書豐富，該如何做好收納同時展示人文感？

Ⓐ 重視書櫃材質的選配

如果想將大量藏書當成展示，設計上建議在思考的時候，就將書櫃當成大型展示品作為設計概念。可以利用各種材質如實木貼皮，或薄的黑鐵板當書牆結構，再以能凸顯人文感的實木作為書牆直向結構支撐，強調錯落有致的實木線條，同時也能營造飄浮的輕盈感，而書牆最上方可以安排燈光，加強展示效果。

光潔的白色牆面，搭配明亮色彩作牆面，都能減輕空間中的壓力，擺放上書本就是最具人文質感的角落。圖片提供◎禾光室內裝修設計

PART

03

收納物件篇

書房中最核心的空間莫過於書櫃與電腦、書桌四周，不論是書籍還是桌上文具物品，都要以「使用頻率」為最大考量，再進行逐步分類。

Q.185

桌上的文具要怎麼收最好收好找？

A 以使用頻率作整理的首要條件

文具往往很容易在不知不覺中越來越多，在開始收不下之前，就要先將所有東西拿出來確認使用頻率。用不到的物品就果斷丟掉，剩下來的就依照筆、工具或消耗品等種類來分類。為了方便管理，取用時也能馬上找到想要的物品，也可以利用抽屜整理盒來做區塊整理。抽屜前方空間擺放使用頻率較為頻繁的物品，增加物品取用的方便性。

Q.186

桌面小物又多又雜，如何創造收納量？

Ⓐ爭取桌面上的立體空間

可以在書桌上，擺放小型的硬質收納箱，抽屜專門用來收納文具用品與名片、文件等工作方面的物品。也可以將筆架黏貼在桌旁的窗戶或是壁面邊，用來收納筆與剪刀，這樣就能在空中拿取物品了。桌面上的收納，因為空間有限，一定要採向上發展的收納方式，比如隨著需要收納的小物愈來愈多，除了要定期整理，收納箱可以逐一向上堆疊也是個方式。

Q.187

書以外的信箋或紙類該怎麼收？

Ⓐ活用抽取式收納物

如果是因為工作需求，書房會兼具工作室使用時，吊櫃是一個很適合檔案集中收納的手法，考量到辦公資料多為大尺寸，吊櫃設計建議以 A3 大小的資料夾規格為主，不但可以擺放 A4 紙類，也有充足空間收納其它項目。如果僅僅只是小部分的要做 A4 紙類大小的收納，可以購買直立式收納夾，將這類型大小的筆記本或紙本集中收納，插放在書櫃裡。

選用較淺抽屜將文件集中置放，再依不同類別分層收納，可在每層抽屜外作上記號，就能有條不紊的收納零散紙品。圖片提供©IKEA

Q.188

如何應用日系家具做收納？

Ⓐ 日系書櫃實用與美觀兼具

為了不讓空間過於雜亂，建議一定要斷捨離。只收納使用頻率高的物品，如果想呈現空間的清爽質感，日系的收納用品有著不過度修飾、保留物品材質原貌的設計，而且相當容易就能跟家中的舊有家具搭配在一起，在想讓空間營造出讓人心情放鬆的感覺時，可以加分不少，輕鬆營造出日系清新風格。

日系的收納用品有著不過度修飾、保留物品材質原貌的設計。圖片提供◎絨研設計

Q.189

讓書房看起來不擁擠的收納櫃設計？

A 以色彩的轉變來跳脫規律性

可以將書房的收納櫃設計成乍看之下是一完整櫃體，但其實是由 40 個正方形的木格交疊而成，在排列中再穿插以色彩的轉變來跳脫規則性排列。好處是書櫃本身沒有做死，可堆疊和移動的特性，代表靈活性高，而跳色手法可以讓視覺上多分俏皮性，既兼具了書房的收納，看起來也輕盈活潑。

Q.190

小朋友的書房怎麼設計？

A 依身高差異彈性配置

不論大人或小朋友，面對林林總總的書籍，首先必須先從分類著手，並以身高方便取用的空間作規劃，大人身高較高，以站起能平視的高度為主，可放置最經常閱讀的書本，小孩身高較矮，同樣以平視高度作規劃，放置常看或喜歡的書，其它少看的書才是較低或較難拿取的位置，依小朋友身高限制，上端搆不到的書就避免放置，或在此放置大人專讀的書。

依身高高度和看書的頻率決定書籍在書櫃中的置放次序，就能創造出最順手的收納動線。圖片提供©樂創設計

Q.191

如何打造工業風格的書房？

⒜掌握個性化元素為要訣

相較於其它風格而言，工業風的居家裝潢主要從實用和功能為出發，強調粗獷、個性化的空間呈現，因此在會使用鐵件、木材等材質，搭配水泥塗料背牆與造型投射燈，掌握這些風格進一步應用。值得一提的是，工業風中常使用的鐵件比起木材承重力更佳，視覺上也更輕薄，能在空間中以小搏大擁有更佳的收納度。懸吊式的鐵件層架不僅能靈活使用壁面空間，也能擁有書籍收納與收藏展示的雙重機能。

鐵件層架能型塑出工業風中特有的loft韻味，也能為收納增添不同風情。圖片提供◎一它設計

PART 04

整理心法 & 佈置

空間有限但知識無窮，為避免浪費空間，得精準判斷書本的去留，避免囤積其實早已不看的書，像是「時效性的雜誌」、「很多年沒看的書」、「以後可能才會用到」的物品，都需要在整理時有著斷捨離的決心。

Q.192

書桌下要怎麼整理最好拿？

Ⓐ 附滾輪櫃體較具方便性

書桌下方空間，其實也是一個收納好去處，比如可以使用雙面膠來幫印表機裝滑輪，提高移動性，這樣一來使用吸塵器打掃的時候，也很方便抽出來清潔。比起用途容易受限制的木桌，也可以改選不鏽鋼層架組來做書桌，因為可以依據使用需求調整桌面下的空間和層架，如果用不到時，還能拿到其它地方當收納架使用。

Q.193

該如何避免書櫃灰塵太多，不好清理？

Ⓐ維持固定乾濕度，並定期整理

開放式書櫃可以營造空間的書卷氣，但缺點就是容易囤積灰塵，建議每週用撣子把書櫃稍做清理一次。書籍的部分，建議固定每隔半年至少要清理一次許久未翻的書籍上面所累積的灰塵。因為書籍都怕潮濕，如果封閉式書架，則可以放置乾燥劑輔助除濕，但是這必須時常更換。如果是開放式書櫃，建議使用除濕機與冷氣機，來有效控制空氣中的濕度。

Q.194

整合收納的小技巧？

Ⓐ偷取樑柱的隱形空間

可以利用結構樑柱的深度，來規劃收納櫃，並採滑門設計方便開闔，既不占空間，甚至擴充了空間利用性。或是在窗邊設置臥榻式休憩區，可開闔的窗邊檯面，可以爭取大約 90 公分的高度收納大型物品。臥榻下方同樣設置抽屜，讓書房變得實用又舒適。除此之外，書也可以成為擺飾的一部分，運用書本堆疊既能收納，也可以形塑出有趣的空間表情。

挑高空間中落地式的書櫃只要不要高於樓板，都算是合乎使用工學的櫃體。圖片提供ⓒ構設計

Q.195

如何讓書櫃兼顧收納與遮蔽功能？

Ⓐ 帶門片的櫃體一櫃兩用

書櫃因為佔據在空間中的體積龐大，如果要舒緩量體的存在感，開放式書架自然是最能降低視覺壓迫的方式，但這樣一來，就要面臨容易累積灰塵，清潔不易的困擾。因此，大多數人會選擇書櫃可以兼具收納和遮蔽，那麼就要依據自身的藏書喜好和數量來做規劃，讓出部分的櫃體做門片，可以收納小物，同時維持視覺上的整齊。建議書櫃的下方做門片，下方就可以拿來收納吸塵器或是行李箱，而上方空間則用來展示和擺書。

開放式書架自然是最能降低視覺壓迫的方式。圖片提供◎大湖森林室內設計

Q.196

頂天立地的書櫃該怎麼收納？

Ⓐ 需取符合身高的高度

藏書量很多，書架置頂就有其必要性，但必須依照使用性質分類擺放，通常最上層的書籍屬於少用的書籍，它的不便利已經超過蹲下來的使用方式，只能當做收藏或儲物使用了，為了因應偶爾還是會有用到的時候，不妨規劃一個梯子，方便拿取過高的書籍。書梯的設計須注意安全性，梯子要穩才好爬且好站，所以踏階的深度不能太淺，使用的材質可選實木或鐵件，雖然比較重但相對安全。

Q.197

辦公事務相關設備該如何收納？

A 薄型小抽屜能分門別類的收納

家中的書房空間常伴隨著許多零散文件及事務設備，在牆面收納櫃的規劃上，也需要因應這些物件來做收整，比如上方設計跨距的開放書櫃，並在滑軌嵌入可移動玻璃，可隨喜好及需求任意調整玻璃位置，兼具展示和遮蔽，視覺上也比較具變化性。下方則規劃擺放傳真機、影印機的檯面，同時要規劃具有收整雜物的抽屜，並預留孔洞，讓置放網路的設備具有散熱作用。

櫃體規劃抽屜櫃，就能便於收納各種零散的公文紙張。圖片提供◎優士盟整合設計

Q.198

電線該怎麼收納，書房視覺更整齊？

A 善用輔助工具作收整

可以將電線都捆綁在一起，沿著壁面邊收納在一處。或是在設計櫃體的時候，就在背板規劃孔洞，擺放文書機器的時候，電線就可以穿過孔洞直接插座，視覺上自然清爽很多。

Q.199

該如何整理才能爭取更多藏書空間？

A 從牆面找出收納空間

如果藏書真的很多，但空間上又有所限制，可以讓出一整面的空間牆，安插著不同材質或顏色的櫃體收納設計，展現出對比的畫面效果，也滿足了不同的收納屬性，最重要的是擴充了書籍的擺放空間，但又能降低偌大書牆對空間產生的壓迫感。也可以善用角落位置，規劃直角狀書櫃，讓書籍多了一處收納的位置。

Q.200

和室地板常有的上掀型收納要怎麼運用？

A 注意深度及門片承載度

收納的深度建議做 35 到 100 公分，過深就不容易拿取。而為了地板的支撐力，收納的部分通常採格狀，建議每一格都做分類區分，不要亂放一通，才方便找尋物品。

全家人書與文具的收納整理學

礙於空間限制，書房並不是每個家庭都一定擁有的空間，但凡是電腦使用、閱讀、寫字等進行這些動作的區域，都可以被定位為「書房」。而書房的形態也不一定是獨立房間，有時會是客廳一角，或是與餐廳合併使用，如何收整才能快速使用、快速歸位，是書房收納最重要的目的。

諮詢顧問／收納教主廖心筠、極簡整理師 布蘭達&極簡維尼

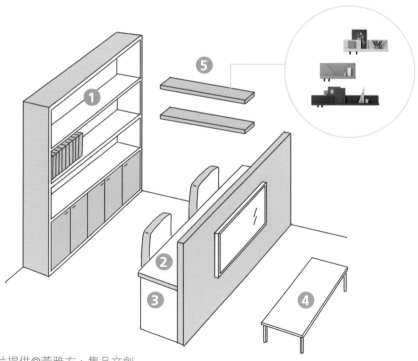

圖片提供◎黃雅方、集品文創

書房收納的重點 1.

書櫃的整理與擺放

書本的好處是有稜有角，只要整齊收擺就不易凌亂，但麻煩的是看完後能不能順手歸位，要找時能不能馬上找到，除非是飽讀詩書的人，家裡的典籍成千上百，不然一般家庭的藏書有限，不需要以內容區分。

小朋友的書可放在較矮的架位，大人的書則可以常閱讀、展示收藏書區分，收納教主廖心筠建議：「以書的開本大小整理！」常看的書可排在容易拿取的位置，展示收藏書則反之，捨不得丟、充滿回憶的書則可以移到封閉式的櫃子作存放。

書房收納的重點 2.

桌面上的整理與擺放

使用電腦時經常會用到的資料、光碟、文具等，常用且必備的物品，都要收在「用電腦的同時也方便取用」的地方，最好是在椅子上也能拿到。

文件中重要的備存資料都要集中起來統一放置，因為不常取用，擺在固定區域即可；繳過的帳單其實只需要保留六個月，各種文件要用資料夾作分類再集中收納。

書房收納的重點 3.

書面下方收整文件雜物

書桌下方其實也是收納的一級戰區，特別是經常在書桌讀寫、使用電腦者，需要順手翻找資料時，這裡會是最方便的地方，一般來說以抽屜式層櫃最適合，底部加裝輪子也能依需要移動，也可在抽屜中作好層級規劃，各式軟體光碟要直立式收納於抽屜櫃中，至於零散的線材或金屬零件都要放在盒中，避免雜亂。

書房收納的重點 4.

小朋友的閱讀區整理

小朋友的書與玩具其實可以獨立一區做擺放，收納時要將「讀書區」與「遊戲區」分開來，課本、參考書、筆記本等，都要放在書桌區視線等高位置，課外讀物可以放在較遠位置，或與全家人一起放在書櫃中。玩具物品要以大小做分類，依小朋友的身高作安排，想訓練孩子主動收納的習慣，櫃體可儘量使用開放式。

書房收納的重點 5.

較淺層板的牆面收納

針對某些作品或是特殊書籍的珍藏展示，可以在壁面設計長條式淺層板，作為展示之用，也可作為「薄而重要的文件」如信件、公文等的暫放區域。

Chapter

05

BEDROOM
臥房

用筆記下收納需求與空間形式，才能找出你的收納重點喔！

☑ 臥房收納核心評估

空間位置

☐壁面
☐樑下
☐柱間
☐架高地板內部
☐隔間牆
☐試衣間
☐畸零角落
☐其它

櫃體形式

☐化妝檯
☐門片式收納櫃
☐抽屜式收納櫃
☐展示型收納櫃
☐開放式收納層板
☐地面上掀式收納櫃
☐其它

收納需求

☐衣物
☐飾品
☐化妝品
☐書籍雜誌
☐家電設備
☐嗜好收藏
☐帽子包包
☐其它

空間裝潢 篇

臥房對於現代人來説，往往扮演著多重角色，除了在此睡眠，也會在此處更衣、盥洗、梳妝、看書等，規劃臥房空間時，得考量居住者對於臥室有哪些需求，進一步規劃動線之後，才能理出適切的收納空間。

Q.202

窗邊應該有怎樣的收納配置？

A 善用掛鉤，服飾配件也能妝點臥房

家中的零碎空間的牆面也可以善加利用，在臥房門後較高的牆面上加個掛鉤，可以簡單收納帽子、圍巾、項鍊或皮帶等物品，取用方便，又有裝飾空間的效果。但在臥房門後設置收納掛鉤，要注意計算門片寬度距離，並仔細測量，避免加上掛鉤後才發現影響開關門。

Q.203

如何創造臥房的牆面收納？

A 運用層板增加立面的使用空間

如果房間坪數小，希望能創造收納空間，不妨沿著牆面設置層板，不僅能做出足夠的收納空間，無背板、門片的設計也讓視覺呈現更輕盈美觀，並且也能讓書籍物品成為美化牆面的一環。

輕型層板架可讓牆面空間更有效使用。圖片提供◎黃雅方

Q.204

房內衣櫃與床之間的走道寬度該如何設計？

A 至少 60 公分距離最恰當

衣櫃與床的距離應保持在 90 公分左右，人在行走時才不會感到壓迫，開啟櫃門也才不會打到床舖。但如果臥房的坪數較小，還是希望有收納的衣櫃，櫃子和床舖的距離應該至少要有 60 公分，且不適合開闔式櫃體，建議選用拉門式的衣櫃，避免門片打到床舖。

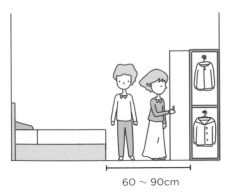

60 ～ 90cm

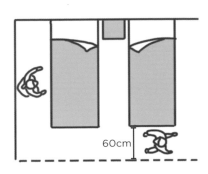

60cm

臥房內空間有限，需抓出最為適當的過道距離，動線才會順。圖片提供◎黃雅方

Q.205

如何極限活用衣櫥空間？

A 將櫃體做詳盡尺寸規劃

一般來說，衣櫃基礎規劃多可分為衣物吊掛空間、折疊衣物和內衣褲等的收納區域，以及行李箱、棉被、過季衣物等雜物擺放。就現代衣櫃最常見的 240 公分而言，若非特別需求，多以吊桿不超過 190～200 公分為原則，上層的剩餘空間多用於雜物收納使用，而下層空間則視情況採取抽屜或拉籃的設計，方便拿取低處物品。並且考慮層板耐重性，每片層板跨距則以不超過 90～120 公分為標準。

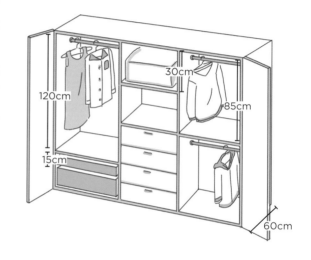

除了衣物，衣櫃通常還需收納襪子、帽子、棉被等，櫃內層板高度最好是有孔洞固定栓以便隨需要調整。圖片提供◎黃雅方

Q.206

如何設計與孩子互動的收納空間？

A 小孩專屬更衣室從小養成收納習慣

為了從小教育孩童收納的習慣，也便於將孩子的衣物玩具集中收納，可以為小孩房設置專屬更衣室，縮小版的更衣間強調功能規劃，導入彈性活動的層板設計及預留多功能吊衣桿，能隨著孩子的年紀成長調整更衣室的收納配置，並且能讓小朋友從小養成自己收拾的習慣。

Q.207

房間更衣室的空間應怎麼規劃？

Ⓐ 一字型與分隔式各有優缺點

若想保持空間的順暢且沒有壓迫的感覺，建議更衣室最少要留 1 ～ 1.5 坪的空間才夠用，因此換算回來，臥房至少要有 2.5 ～ 3 坪才能隔出一間更衣室。一般來說，其配置的方式約可分為兩種：

（1）一字型：臥房→更衣室→浴室。三個空間位於一直線上。在更衣室穿脫完畢後就能直接進入臥房或浴室，動線方便又快速。但缺點是更衣室位於浴室旁，衣物可能會沾染到浴室的異味。

（2）分隔式：將浴室與臥房、更衣室隔離，另闢空間，但浴室仍與臥房相鄰。這樣做最主要是希望隔離浴室和更衣室，改善一字型配置的缺點。

Q.208

如何善用房間畸零區域作收納？

Ⓐ 運用樑柱畸零區創造收納空間

房內樑柱產生的畸零空間總是讓人不勝其擾，不知道該怎麼運用，建議可以在柱子形成的畸零處規劃深度約 40 ～ 45 公分的展示型櫃體，可擺放摺疊衣物、毛巾及其他生活備品，而如果床頭有樑，床頭櫃體與樑齊平，深度較淺約在 30 ～ 40 公分左右，則可收納較不常用的物品或是換季棉被等。

臥室天花板可利用斜面造型修飾大樑的落差，無形中消除壓迫感。圖片提供◎構設計

Q.209

房間實在太小，如何創造更多空間？

A 牆面櫃體整合、善用畸零角落增加機能

相對公共廳區，臥房的坪數更加受限，但如果又希望能有效利用空間、增加機能，建議可利用隔間結合機能的設計，例如將臥房浴室隔間整合書櫃、或者是直接利用衣櫃滑門懸掛電視、床頭板結合書桌、梳妝桌等等，就能創造複合機能的使用價值。

利用多種機能櫃體結合家具，就能達到空間的高度運用。圖片提供◎禾光室內裝修設計

Q.210

如何規劃出符合小朋友身材的友善收納？

A 床與書桌優先設定

房間對孩子來說就是城堡，涵括有多元面向與機能，不大的房間裡，可先設定出床位與書桌區，接著利用床周邊來滿足收納，特別是環繞式的收納櫃與床下櫃體可讓收納力大大提升。

訂製櫃體時需考量安全性，最好加裝緩衝五金，避免孩童受傷。圖片提供◎構設計

Q.211

高齡長者的臥房如何規劃收納空間？

A 層板與雜物櫃讓收納看得見找得到

大部份的老人家都很惜物，不隨意丟棄東西，所以房內常會堆放雜物，如果沒有規劃好收納空間，會讓空間變得很凌亂。最好用隱藏式的收納櫃將物品收於無形，才不會讓空間變得擁擠。首先要有可上鎖的櫃子 老年人常有收藏心愛物品的習慣，尤其是一些老媽媽常把首飾、黃金等財物放在自己的臥房，最好為他們準備可上鎖的櫃子，方便使用。第二，用層板取代抽屜，也有些老人家喜歡把食物放在房間裡，但有時會忘了放在什麼地方，最好的方法就是用透明層板取代抽屜，讓他們一眼就可以看得到食物。最後，一定要有雜物櫃，大多上了年紀的人節儉成習，習慣收集一些雜物，最好在房內為他們規劃雜物櫃，讓雜物化整為零。

Q.212

小孩房如何規劃玩具的收納空間？

A 利用下櫃做玩具收納

其實並不需要為玩具專門製作一個收納櫃，建議可與衣櫃合併使用，但最好先找到深度夠深、放得下大小玩具的玩具箱或網籃，再規劃衣櫃的尺寸，以便能容納玩具箱的體積。而收納玩具的位置以「沒有門片的下櫃」為主，方便盒子或籃子直接推入置放。此外利用色彩吸引小朋友注意，是培養物歸原位的第一步，能幫助小朋友學習並分辨收納物品，玩具箱可準備各式大小尺寸，以便容納各種體積的玩具。

無門片的櫃子能將收納物一目了然陳列，訓練孩子自主性整理。圖片提供◎福研設計

Q.213

梳妝檯與衣櫃該如何結合？

A 梳妝檯加深檯面可增設層架、櫃體讓收納達到極致

為了使用方便，保養品通常跟著化妝檯走，當住家空間有限，可利用複合式概念整合，化妝檯可結合視聽櫃、衣櫃等不同區塊，共享同一收納空間，是經濟、美觀的方式。而如果想要衣櫃結合梳妝檯，梳妝檯面配合衣櫃加深至 60 公分，多出來的空間可以再增設層架、櫃體等讓空間中的每一寸空間都發揮收納作用。

Q.214

床鋪背牆的空間如何活用？

A 利用收納櫃與層板增加收納

床頭後方的背牆可以是作為收納櫃或是層板，如果寬度夠，這裡的櫃體可以收納不常用的衣物、棉被與雜物，或是利用層板讓牆面更有變化，層版則可放置床邊書籍、展示品或是盆栽。與壁面顏色相同的櫃門設計能弱化櫃體，減少床頭的壓迫感，但也可以作特殊的設計。

床頭牆面若作為櫃體可收納大型棉被。圖片提供◎一它設計

Q.215

臥房內如何規劃臥榻與梳妝檯？

A 臥榻深度至少 50 公分，梳妝、閱讀桌高度 75 公分

臥房窗邊經常被規劃為臥榻，好處是除了可以坐、臥休憩，底部還可以一併結合收納的機能，但要注意的是，想要能舒適的坐臥，深度至少需要 50 公分。如果希望配置梳妝檯，桌面通常與書桌一樣是設定在離地 75 公分左右，重點在於利用周遭空間規劃解決各類高矮化妝品的收納需求。

PART
02

櫃體設計 篇

臥房既然是個人生活起居使用率最高的地方，臥室內的櫃體機能亦應按照每個人不同的生活習慣來配置，並且要從對自己最順手方便的角度來規劃。

Q.216

衣櫃門片要怎麼作收納活用？

A 門片內側可吊掛飾品配件收納

門片的材質種類多樣，一般可分為實木貼皮、美耐板、鋼琴烤漆等，實木貼皮底材多為木心材或密底板，表面再貼上實木貼皮，通常能呈現溫潤厚實的質感；美耐板則具有防刮的優點，目前也有許多仿木紋、金屬等花色可挑選；鋼琴烤漆外觀呈現光亮的表面、質感佳，一般多為開門式衣櫃，門片內部也可吊掛飾品配件做收納，但如果坪數小則建議使用拉門式衣櫃增加房內空間。

櫃體該如何設計才能滿足多功能需求？

A 多元的收納設計可提升櫃體使用效能

衣櫥規劃多可分為衣物吊掛空間、摺疊衣物和內衣褲等收納區域，如果空間足夠的話，還可以配置行李箱、棉被、過季衣物等擺放區。另外，也能善加利用轉角空間來配置保養品櫃，或是特殊五金的旋轉衣架達到增加收納量作用，讓收納更有秩序。另外，為了滿足多功能需求，建議可以加入多種形式的收納設計，像是一部分可以配置高櫃（約 270 公分高），可收放大衣或行李箱，床頭後方則可以抽屜加上基本吊桿設計，輕鬆將衣物做分類，也提供多元收納。

櫃體中多種形式的設計可以滿足更廣的收納需要。圖片提供©IKEA

Q.218

同一個衣櫃中要怎麼共同收納男女主人的衣物？

Ａ 一人一邊進行適當的分類與尺寸規劃

收納空間可以一人一邊做安排，方便配合各自的衣物類型，並安排吊衣、拉籃、抽屜等收納櫃的型式與數量。此外還會建議將男性和女性衣物進行適當的分類規劃，譬如衣櫃吊掛高度基本尺寸為 100 公分，但如果有些洋裝或是長大衣，則需增加到 120～150 公分，或直接以落地方式配合收納盒做靈活變化即可。但如果遇到男性西裝、襯衫等，介於一般 T-shirt 和洋裝間的大件上衣，又不想拖到層板上，則可適度降低下層抽屜高度或改為長度略短的褲子吊掛空間（50～60 公分），就能為上層吊掛區創造高度了。

Q.219

衣櫃的格放設計應如何作配置？

Ａ 抽屜依需求做高度設計

衣櫃下層常用的抽屜規劃，除了拉籃已有既定尺寸外，一般還是可以配合使用者的需求來做高度設計，常見約有 16 公分、24 公分和 32 公分，分別適合收納內衣褲 T-shirt、冬裝或是毛衣等不同物件，變化性可說是相當高。

可針對使用需要，選用不同高度的收納格層作變化。攝影：Amily

Q.220

熟齡衣櫃要怎麼設計才好收納拿取？

A 低處離地 50 公分以上，高處使用升降衣架

老人家通常疊放的衣物較多，吊掛的較少，因此設計時可以考慮多做點層板與抽屜，而如果因為身體狀況不適合拿取高物與蹲下，衣櫃的收屜建議離地面 50 至 100 公分處，而上方則可使用升降衣架。

櫃體多了可以升降的機能，便能適於全齡使用。圖片提供◎演拓空間室內設計

Q.221

如何增加地板下的收納空間？

A 以臥榻代替床架，增加地面收納

如果臥房空間有限，利用臥榻深度設計收納，不失為解決收納空間不足又有睡眠空間的方法。臥榻收納主要分為抽屜式與上掀式。抽屜式使用便利，而上掀式則是容量較大，但較不易使用，使用者可依需求選擇方式。

臥榻下的空間以抽屜形式收納較易使用，但要考慮承載重量。圖片提供◎禾光室內裝修設計

Q.222

更衣間如何規劃極致應用的衣櫃？

▲充分利用系統讓更衣空間收納無死角

小坪數居家如果想要打造更衣室，該如何偷空間？首先，運用更衣室內系統櫃的多元收納構件：整合抽屜、吊衣桿、領帶格抽等就能夠迅速將衣物分類定位。而櫃牆底部兩排抽屜收納摺疊的衣服，靠牆處則配置開放式衣櫃，上下吊桿則可懸掛外套與裙、褲。讓每個環節都能充分運用即能讓更衣室發揮至極限。

運用不同機能可提升小坪數更衣間的使用能效。
圖片提供◎禾光室內裝修設計公司

Q.223

小空間該如何提升收納坪效？

▲沿牆設及頂衣櫃創造豐富收納空間

扣除室內可用空間，有時臥房未必能分配到較充裕的坪數，若是如此建議可將衣櫃沿床舖兩旁增設及頂衣櫃來提升收納；另外也可利用轉角空間來配置保養品櫃或置物櫃，再作為收納其他生活保養品、備品的擺放之處。

旋轉式活動衣架都能有效運用角落畸零空間。圖片提供◎黃雅方

床鋪下的空間要怎麼活用？

Ａ地坪局部墊高增加床鋪下方收納空間

床下收納是儲放物品的好選擇，不過為了符合方便上下床的人性高度，櫃體高度大約取 30 ～ 50 公分為最佳，同時要考量床墊載重問題，利用地坪墊高的手法，可聰明擷取床下的空間，做為向下延伸的收納利用。床下收納櫃體的應用可以相當多元，但要考量到深度較深時，抽屜式櫃體容易過長不好抽拉，且要拿捏抽屜全部抽出的空間；上掀櫃門沒有空間的問題，但要注意五金開闔使用時的安全性。

床板下的運用可以十分多元，開放式書櫃+上掀式的設計充分善用了此處空間。
圖片提供◎福研設計

Q.225

如何運用鐵件創造多元衣物收納機能？

A 沖孔鐵件美觀收整雜物

利用沖孔板或網架，噴刷上不同色彩跳脫對工業鐵架的刻板印象，再搭配掛鉤或收納配件，就是適合收整使用頻繁又難被分類的雜物區，讓一目了然的擺放式增加使用率。而開放式掛架有趣的地方在於可以隨意的變化吊掛物件及位置，就像是一幅畫框展演生活上的不同的想法，營造出自我居家風格。

Q.226

如何妥善的規劃衣櫃深度？

A 以肩寬模擬衣櫃深度

以側面吊掛式收納為主的衣櫃，深度須模擬出一般人正面肩寬寬度，約 55 ～ 58 公分，因此衣櫃的深度至少需 58 公分，再加上門片本身的厚度約 2.3 公分，開門式衣櫃的總深度為 60 公分、拉門式衣櫃的總深度為 65 ～ 70 公分（因為拉門多了一道門片厚度）。而在省略門片，強調開放式設計的更衣室中，則只要做到 55 公分的深度就好。

衣櫃正面　　　衣櫃剖面

伸縮衣架，縮小衣櫃深度

若衣櫃深度不足，可改以抽拉伸縮式的五金掛桿，以正面吊掛的方式處理，但要考慮是否會影響到走道動線。圖片提供◎黃雅方

房裡裝電視櫃該怎麼規劃？

Ⓐ 複合式電視櫃一舉三得

一般臥房內的空間不大，如果想要在房內裝電視，可以結合衣櫃門片設置，平時不需使用時可關閉起來，讓立面乾淨單純；另一個方式則是裝置複合式電視櫃，在床前是簡約電視牆，背後及側面則具複合式收納與展示功能，同時界定出半開放更衣區。開放式的空間旋轉式電視立架能滿足 360 度空間的需求，也是有效運用空間的作法。

旋轉式電視架能滿足至少兩個區域看電視的需求，在開放式空間中特別適合。
圖片提供◎一它設計

Q.228

如何拿捏出適宜的吊桿高度？

A 衣桿降到 160 公分，女性好拿取又增加上層收納空間

一般來說衣桿的標準高度為 190 ～ 200 公分，但針對身高略矮於男性的女孩子，不一定要將衣桿做到標準高度，而是考慮降低衣桿到離地 160 公分，會是更好拿取的高度。多出的上方高度可簡單規劃一個大型置物格，適合作為大型包包、換季衣物或是棉被收納空間。

Q.229

狹小的房間要怎麼收納衣物？

A 運用無櫃門式的衣櫃

坪數較小的臥房四壁狹窄，放入衣櫃只會讓空間顯得侷促，尤其是頂天立地的櫃面，往往使房間擁擠不堪，可以直接訂製層架作裸架式置放，或是量好所需的尺寸作系統家具的訂製，少了櫃體門片不僅可以偷取一些空間，視覺也可消去原有衣櫃強大的存在感，讓空間顯得輕鬆，衣物也好拿好找。

市面上無櫃門的衣櫃架有多種選擇可供挑選，不過要當心衣物外露可能在房間中造成的雜亂感。圖片提供◎IKEA

PART 03

收納物件 篇

臥室中的收納物件以衣物棉被及化妝品為最大宗，每個物件的收納位置，都需要以習慣作考量，也有些人習慣在房中閱讀，就有藏書收納的需求，而小孩與年長者所需收納的物品也各有不同，需針對所需作規劃。

Q.230

如何善用衣架收納？

A 吊掛衣物避免過緊與過密

吊掛區除了透過季節做初步的分類外，內部還可再用顏色、屬性等做細分，甚至也可再用衣架來區別，透過衣架顏色辨別衣物的擺放區域，以及知道衣服的件數。而吊掛衣物千萬不要掛得過擠，掛得過於緊或密，拿時既不順手，衣架也沒有呼吸空間。再者，過於緊密，亦可能發生衣架互勾，取時衣服滑落，甚至造成衣物上的珠飾摩擦、勾扯等情況，這些都會影響衣服拿取時的順暢度。

Q.231

如何提升衣櫃的收納量？

Ａ衣物吊掛收納量最大

經過統計，衣櫃內不另外設計抽屜，而全部以吊掛的方式呈現，是收納衣物數量最多的規劃。衣櫥內分為兩層以吊掛收納為主，就能提升收納量，而內衣、領帶等小物則可在房內擺放抽屜斗櫃增加收納機能。

比起格櫃、抽屜櫃，吊掛式的設計能擁有最大收納量，同時也較為好收整。
圖片提供◎翎格設計

Q.232

要怎麼在床邊打造鬧鐘和行動電話等物品的擺放場所？

A 加裝層板作為床頭邊櫃

如果地板沒有足夠擺放床頭櫃的空間，那就活用牆壁吧。運用層板就能變成相當好用的床頭櫃。像是讀到一半的書、喝到一半的馬克杯等，只要有了層板，臥室也能變成能夠放鬆休息的空間。

利用矮凳或邊几，也很適合作為床頭收納。圖片提供©IKEA

Q.233

兒童的收納如何彈性變化？

A 內部使用活動層板或抽屜以利未來調整

小朋友長大的速度很快，因此並不需要為現階段特別設計，以免長大無法延續使用。建議以一般尺寸製作即可，內部則以活動式層板或抽屜，以利未來的調整。小朋友的身高較矮，收納衣物位於下方較合適，才能方便他們自己拿取。建議可降低吊衣桿上方可空出來收納玩具。除了常穿的衣物之外，小孩子其他衣物的取放，通常以大人代勞較多，因此適合以拿取便利的分格抽屜收納，不常用的或是特別的衣物則可以掛鉤方式收納。

室內空間需要有更大的使用彈性，才能因應孩子生長變化過程中的不同收納需求。圖片提供©維度設計

Q.234

穿過的隔夜衣怎麼收納？

A 增加一處吊掛大衣與外套的暫放空間

現在愈來愈多人會希望在臥房增加一處吊掛穿過的大衣或外套的空間，此類櫃體多會採取開放式的方式進行，且吊桿寬度可放 4～5 件衣服即可，或是可增加層板放置衣物和牛仔褲。假使想有更多區隔的話，則建議藉由紗網等透氣材質進行規劃。

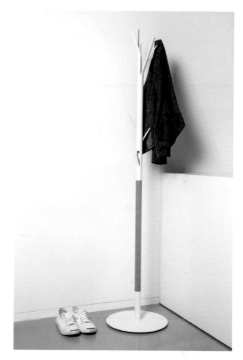

窄型立架輕巧且不占空間的設計，適用於狹小的角落位置。圖片提供©nest 巢·家居

Q.235

經常使用的帽子與包包怎麼收納？

A 可進行分格收納

大多數時候，經常使用的包包設計師會選擇另闢包款的收納區，以層板方式做開放式分格收納，讓包包分開擺放不會變形，並且開放式的設計可維持通風效果，不容易產生發霉的情形，而包款高度則透過活動層板進行變化。

吊掛式的分格籃能為衣櫃空間增添收納機能。攝影：Amily

Q.236

帽子、項鍊大量配件該怎麼收最好？

A 參考賣場的陳列收納

展示型收納與陳列佈置息息相關，
因此參考賣場的陳列佈置是最快學
習的方式，例如鞋子的展示收納，
可參考鞋店的擺設方法，而包包、
絲巾、帽子、項鍊等衣物配件，也
都可參考店家如何陳列物件並運用
於居家中，不僅好收好拿又美觀。

帽子或飾品，只要空間足夠，也可以帶有
展示性質的陳列出來。圖片提供©優士盟
整合設計

Q.237

大量的靴鞋要怎麼統整收納？

A 善用層板提高鞋子收納量

善用系統櫃的優勢，依照鞋子的高度規劃每一層的隔板間距，約是 12 ～ 18
公分之間可以提高收納量。擺放時可將男女分層放置，例如：低跟的平底鞋或
童鞋可放在 12 公分高；高跟鞋則放在 18 公分高；而一般便鞋則設定 15 公分。

Q.238

較少用的包包或皮夾怎麼收納？

A 包覆防塵套並收進大抽屜中

不常用的包包和皮夾如果不在意將包包堆疊在一起的話，可以選擇直接在衣櫃下方以一只高度約 50 公分的大抽屜進行收納規劃，也不失是個既簡單又方便的收納方式。也因為是不常用或過季的包款，建議可以用防塵袋包好後收納，避免灰塵附著。

格放式設計能讓皮夾一目了然的收納。攝影：Amily

Q.239

不同尺寸的行李箱該怎麼收？

A 依照使用頻率放置衣櫃上下方或儲藏室

一般行李箱的尺寸從 20 吋以下的登機箱到 29 吋以上的都有，不僅高度從 50 ～ 80 公分不等，寬度和深度也都有所差異。因此，在行李箱的收納規劃上，還是多會依照屋主的使用頻率、物件大小和多寡，來決定應該要收納在哪個空間中。譬如一些使用機率低的中小型行李箱、登機箱，建議可以直接放在衣櫃上方就好；但若行李箱使用率高或是 28、29 吋以上的大型行李箱，則多建議直接放入儲藏間或衣櫃下方等便利拿取的位置。

Q.240

如何收納嬰兒用品？

A 衣服不摺疊，抽屜以隔板分區收納

嬰兒用品零碎且小樣，如果做一般收納不容易使用，這時可以利用斗櫃或是市售的拉抽做收納，並放在嬰兒床旁邊。而因為小朋友的衣物不大不需要摺疊，可以將抽屜以隔板或是收納盒分成三等份放置上半身、下半身、外套；襪子、手帕等小件衣物則獨立再加入面紙盒收納，就不會紊亂。而嬰兒的尿布也可以收納盒裝好吊掛在尿佈檯旁，更換尿布時方便取用。

Q.241

當衣櫃抽屜過大不好使用怎麼辦？

A 大抽屜搭配收納盒，更顯整齊

當抽屜本身長、寬、高的尺寸均較大，建議在抽屜中搭配收納盒使用，透過收納盒來做衣物上的分類，能更有秩序的被擺放。選擇收納盒時，可朝同樣材質、顏色、大小的方向來挑選，會讓整體更顯整齊。

市面上所售種種尺寸大小的收納盒，很適合放於抽屜中讓空間有所分隔。
攝影：Amily

Q.242

大大小小的髮飾該怎麼收納才不亂？

A 利用現成收納小物輔助飾品分類

建議先統計好配件數量有多少之後，再以現成的格盤取代木作，或自行以隔板分格，最能符合需求。因為木作一旦做了就很難被變動，如果要做成可變化的設計，木作花費勢必會提高預算，建議可以購買現成品搭配使用來得經濟實惠。

市面上各種格盤都適用於小物收納，但要掌握高度尺寸。圖片提供©IKEA

Q.243

領帶要怎麼收？

A 領帶以吊掛或抽屜收納

領帶收納主要可以分成「吊掛式」和「抽屜」兩種類型，前者透過現成五金或此類功能的造型衣架等，不僅較易收納且節省空間，但當領帶數量過多時，卻也較不易搜尋；後者則藉由大小分割的格子抽屜，一目了然地分類領帶樣式，占用較多空間，且收納上的便利性也略低了一些。抽屜尺寸上，不論高度、深度、寬度都約為 10 公分，會是較好收納領帶的大小。

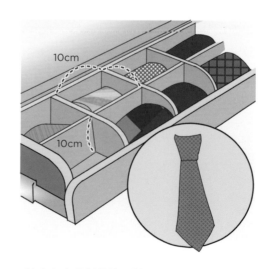

藉由大小分割的格子抽屜，一目了然地分類領帶樣式。插畫：Left

Q.244

圍巾很多怎麼收？

Ⓐ 圍巾用捲的收進收納盒

如果圍巾很多可以在衣櫃吊掛區下方擺上收納盒，圍巾則以「捲」的方式，讓圍巾排排放好，就能收納最多數的圍巾，拿取搭配也十分輕鬆，類似的毛巾也可以用此方式收納，但是採用捲式收納時，無論衣物、圍巾、毛巾，記得要撫平後再捲，才不會有皺痕。

比起折疊，捲成滾筒的圍巾不僅好收，且不易產生皺痕。攝影：Amily

Q.245

換季時的厚棉被怎麼收？

Ⓐ 棉被收至衣櫃上層

由於棉被收納使用率不高，大多時候還是會建議將棉被收納在衣櫃上層，將方便拿取的下方位置留給較常用的物件。但上層終究較難拿取，現在也開始有人會將棉被收納於空間下方，除了常見的床頭櫃之外，有些衣櫃也開始出現下掀式門板，或採取直立隔板收納。

床頭櫃有助於在作棉被收納時更好拿好找，也能成為床頭特有造型。圖片提供© 構設計

PART
04

整理心法 & 佈置 篇

關於臥室的整理，最核心的部分就屬衣物了，只要能搞定衣櫥內的收納整理，其它看得到的部分就不是太大的問題；除了硬體部分，還有很多收納法則能為屋主賺到更多空間。

Q.246

如何讓收納更省時快速？

Ａ 曬衣和收納挑選同款衣架

如果想要收納衣物更快速，祕訣就是：不摺疊。貼身衣物不用摺疊，從乾衣機中取出後，可以直接收納在抽屜裡。但襯衫類的衣物就很難這麼處理，這時可以運用衣架來收納。曬衣和收納挑選可共用的同款衣架。曬乾後，只要將衣物移到衣櫃掛好即可，不用摺疊就輕鬆完成一件家事，不僅省時又省力，而因為一律使用同款的衣架，整體上看起來也更清爽、更整潔。

Q.247

衣物該怎麼收最方便？

A 採用直立式收納量多又好拿

採用直立式收納拉開抽屜即能一目了然，拿取時既不用翻，也不用擔心會東倒西歪，更重要的是收納量也比平放來得多。並且隨抽屜高度可搭配不同摺法，如先對摺再對摺，或先 1/3 摺再 1/3 摺，而若抽屜衣物遇未擺滿時，可在後方加個書擋，既是支撐也能防止拿取時衣物滑動。

Q.248

幫助衣櫃收納的小配件有哪些？

A 活用五金特性，可創造更多元的衣櫃收納機能

收納設計搭配五金配件，更能提升使用的便利性，不妨依照需求選擇拉籃、衣桿、褲架、領帶或皮帶架、領帶、內褲、襪子分隔盤、襯衫抽盤架、試衣架、掛鉤與層架、鏡架等設備，而這些五金都有側拉式設計，即使是較小的更衣室空間，也能便利使用。

衣櫃內各種多元的五金設計都能有效提升收納的便利性。圖片提供©維度設計

Q.249

如何在衣櫃中快速找到想要的衣服？

Ａ 顏色分類好找好看又整齊

衣服除了先依照種類分類好後，用顏色來分類物件，更是衣物收納很重要的一個方法，排放時顏色由淺到深，或是同樣顏色放同一格，甚至採漸層擺放，相信在尋找時，就會立刻有印象而能快速找到，視覺上也整齊又美觀！

想快速找到衣服，以顏色排列也是一個方法。圖片提供©Lily Otani

Q.250

如何訓練孩子主動收納？

Ａ 讓小朋友參與設計

利用訂製方式，結合床組與收納時，可以先詢問小朋友的需求，再將常用的用品工具融合進去，如此一來除了達到整合收納目的，小朋友也比較有參與設計的感覺，日後培養收納習慣更事半功倍。此外，要讓小朋友能自己收拾玩具，玩具箱的設計必須要輕巧，他們才能好推好拿，同時也要注意開闔的設計要方便，避免小朋友夾到手，櫃體也應儘量靠牆設計，釋放出中央位置，提供小朋友遊戲活動使用。

Q.251

美妝品怎麼收才不顯凌亂？

A 抽屜內分格收納容易拿取又美觀

一般來說女性美妝品各式眉筆、唇筆等收納，多會建議與飾品、保養品一同規劃在化妝檯，除了選擇一些現成的展示架進行擺放，若想收納在抽屜裡，則可以依照個人需求，進行一些簡易分格，抽屜高度大約 8 ～ 12 公分就可以了。

Q.252

瓶瓶罐罐的收納技巧？

A 15 ～ 20 公分凹框解決高低化妝品收納

瓶瓶罐罐高度不一，強制設定一個收納高度反而不好使用，不妨在化妝檯面設計一個高度 15 ～ 20 公分的小凹槽，就能一次解決各類高矮化妝品的收納需求了。而如果不喜歡化妝品放在桌上的凌亂感，建議可在抽屜設計分格。

Q.253

如何保持衣物乾燥？

A 除濕劑放置衣櫃下方並將衣物分類處理

想要保持衣櫃乾燥就需要使用除濕劑，因為濕氣與臭味重量較重，因此除濕劑、乾燥劑與消臭劑放在櫃子下方。而整理衣服時將抗濕氣佳的化學纖維、棉麻製品放在下層，而不耐濕、怕蟲的絲、羊毛、羊絨衣物、真皮的外套或裙子等，不要摺起來堆疊放，否則容易聚集濕氣，容易長黴，甚至皮革剝落。建議用衣架掛起來；此外，穿過的衣服也容易將濕氣與臭味帶進衣櫃，導致其他的衣服也沾染上異味。應用衣架掛起來，放置至少一個晚上，等濕氣消散後再收起來。

Q.254

如何依照衣物類型不同收納？

Ⓐ依適合吊掛或摺疊做區分

衣物收納以適合吊掛或摺疊做區
分，常穿、容易有摺痕、外套類
採用吊掛，並以季節做分類（例
如：左半為秋冬、右半為春夏），
進而可再依同色系、同材質等做
細部的分類，每回穿衣要找什麼
就很容易。方便摺疊或是不常穿
則收進抽屜，收納以直立式擺放
為主，有別於平放式，拉開抽屜
即能一目了然，最上層主要是放
各式棉T，依序為短袖、薄長袖、
厚長袖；中間層為毛衣類衣物，
最下層為下著，依序為牛仔褲、
休閒棉褲、短褲。

有限空間中需充分依照衣服的特性作收納。攝
影：Amily

搞定衣櫥的幸福收納學

衣櫥幾乎可說是臥室中複雜度最高的部分了，由於衣物私密性高、幾乎天天使用，某方面來說衣櫥也反映了自己的內心層面，整理的條理分明、好取好收，出門進門自然能保持愉快的心情，反之出門前永遠找不到最適合的那件，情緒也跟著掉谷底，甚至會影響一整天的表現。

諮詢顧問／收納教主廖心筠

衣物該怎麼丟？

先給自己的衣物進行「斷捨離」，衣櫥裡哪些衣服該丟呢？收納教主廖心筠建議大家這樣思考：「當你看到這件衣服腦中是『以後也許可以穿……』，意味著現在不會是最需要的，那麼就可以先淘汰；如果腦中想著『只要……就可以穿』，也可以淘汰，這代表著衣服並非完美，那麼你也很難會有真正穿它的一天。」

衣物該怎麼分類？

剔除了那些「未來衣物」後，剩下的可以是分為兩類，一是常穿的（以週頻率評估），或是有過被讚美過、真心喜愛的衣服。二是有功能的，像是內搭褲、發熱衣等單品，有實際穿搭需求。兩類在整理時，可以視個人所喜歡的方式收整，像是依長度排列擺放、依穿著頻率、依季節、依色彩等。

衣物該怎麼置放？

兩大類的衣物可以分在兩個獨立的區域置放，而置放時還需要考量吊掛或折疊，外出時常穿的或容易起皺的可以吊掛，其餘衣物則可折疊，為了便於衣櫥一目了然，用捲筒式衣物會比折疊的更好找好收。至於置放的位置，得視衣櫥的格局而定。

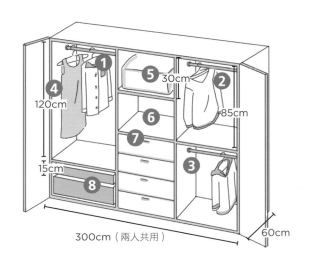

300cm（兩人共用）

1. 依衣櫥空間作長衣、外套的衣物收整，如果有特殊禮服也可收在最旁邊的位置。

   收納IDEA 長型懸掛空間可以使用連結式衣架，或 S 型掛鉤錯開衣架的位置，充分運用直向空間作收納。

2. 一般上衣、襯衫、短版外套、套裝等依衣櫥上方空間擺放，相同長度的可擺在一起，或依喜好照色彩、屬性來排列。

3. 一般下半身衣物如褲子、裙子等。

4. 利用櫃體可增加網架，用來吊掛皮帶、圍巾等小型配件。

5. 季節性寢具被單枕套或是行李箱等，因為此區拿取相對不易，可放少用物品。

6. 各式包包配件，常用的包包可以放在最便於取到的位置，少用的包包要包好以免變形。

7. 貼身衣物、家居服、T 恤等都可以收在抽屜之中，外出服也能折疊或捲起收納。

8. 選擇一個固定區域放置收納籃，擺放只穿過一次還很乾淨的衣物。

   收納IDEA 並不是所有衣物穿了一次就要洗，衣櫥裡需要有一區是可再重複穿衣物收納，也可以用伸縮桿多架一層作為暫時置掛區。

Chapter

06

BATHROOM & OTHERS
衛浴 & 其它空間

用筆記下收納需求與空間形式，才能找出你的收納重點喔！

☑ 衛浴收納核心評估

空間位置
- □ 門後
- □ 壁面
- □ 其它

櫃體形式
- □ 門片式收納櫃
- □ 抽屜式收納櫃
- □ 開放式收納層板
- □ 吊桿
- □ 其它

收納需求
- □ 盥洗用品
- □ 衛生用品
- □ 清潔用品
- □ 待洗衣物
- □ 換洗衣物
- □ 毛巾
- □ 其它

PART 01 | 空間裝潢 篇

比起其它居室空間,雖然每個人每天花在浴廁空間的時間總長度相對
較短,但這裡卻是家裡十分重要的地方,這一方小天地裡同時還有潮
濕易髒等問題,在空間裝潢時所要考量的也將更為全面。

Q.255

狹窄的浴廁空間中如何提升收納空間?

A 收納儘量收於兩側

將收納儘量往左右兩邊做規劃,左邊除了
上面的鏡櫃,在洗手檯下方以開放層架安
排,專門收納常用的毛巾等物品,右方則
在入口處規劃容量較大的櫃體,另外將不
鏽鋼鈦金打造的長型雙面櫃嵌入牆面,讓
兩邊空間都能使用。

嵌入牆面的雙面櫃一櫃兩用,不僅
省空間也讓動線更流暢。圖片提供
◎奇逸空間設計

Q.256

浴室動線不足該如何調整？

A 將走道、牆面空間化為收納設計

衛浴空間裡常常會潛藏許多零碎空間，如走道、牆面等，建議在規劃時可以將這些破碎空間做一整合，可以利用走道重新整合放大衛浴的坪數與機能，而如果本來坪數就不大則可以將空白的牆面更加活用，例如內嵌方式植入層板等做收納設計，讓小環境變得更好用。

Q.257

狹小浴室該如何爭取舒適尺度？

A 半嵌面盆 + 斜切設計

如果浴室空間不大，可以利用連結兩邊牆面的洗手檯面整合梳妝功能，而半嵌式面盆讓檯面深度可控制在 40 公分左右爭取舒適的空間尺度。另外檯面也可採用斜切方式，避免壓縮與馬桶之間的距離，同時搭配開放式層架、懸空設計，讓空間有輕盈放大的效果。

內嵌式檯面讓活動空間更充裕。圖片提供◎敘研設計

Q.258

浴櫃抽屜與層板寬度多少才好收？

A 抽屜式浴櫃要留 50 ～ 65 公分的寬度

通常浴櫃的深度是 50 ～ 65 公分之間，所以拉出時也須留有 50 ～ 65 公分的寬度才行。至於一般層板，因多用來收放沐浴品、清潔用品和衛生品為主，若是依照瓶罐高度，則可設計 25 公分上下。

抽屜與櫃門前方都需考量至少同樣寬度的空間開啟。圖片提供◎摩登雅舍室內設計

Q.259

前陽台該怎麼利用最好？

A 把陽台視為客廳的一部份

一進入客廳，首先映入眼簾的就是前陽台。這裡會決定住家的第一印象，因此可將陽台當作客廳的延伸空間，運用與客廳相同的設計或色系，並擺飾了一些盆栽和雜貨。而只是這樣的一個小動作不但讓陽台和客廳有了一體感，同時也讓人覺得室內空間變得更加寬敞。

Q.260

後陽台該怎麼做收納？

Ⓐ善用市售櫃子與收納盒

後陽台一般作為洗衣、晾衣服之處，如果覺得木作或系統櫃太占空間，只要善用市面上賣的櫃子就能輕鬆增加收納，選擇合適的大小的市售傢俱並搭配收納盒，就能讓空間乾淨整齊。而現成家具的最大好處在於如果未來想要調整位置，或是櫃體老舊要更換也都非常方便，不會被限制。

Q.261

轉折式樓梯可以創造怎樣的收納空間？

Ⓐ踏階下方可充分作各種活用

樓梯不僅具有串聯上下空間的作用樓梯下的空間更是最適合作為收納的地方，可在每一個踏階隱藏收納抽屜，或是利用側面規劃一格一格的收納櫃，就能讓家中畸零空間更活化運用。

運用踏階轉折處的側壁可作開放櫃或電視櫃。圖片提供◎福研設計

Q.262

若玄關大門在陽台處，怎麼規劃最佳？

Ａ 柱間設計收納櫃增加收納機能

以前的老公寓常見外推陽台，除了光線不佳，空間也不夠擺鞋櫃導致常常鞋子堆在樓梯間，這時可以利用陽台與室內的柱間設計收納櫃，讓陽台從原本堆滿鞋的凌亂空間變身成為乾淨的玄關。而陽台與室內隔間牆間的畸零空間則可設計鞋櫃及展示櫃，讓陽台增加收納機能，鞋子也不會再擺到梯間去。

Q.263

樓梯下方該如何利用，創造更多收納空間？

Ａ 運用抽屜、門片規劃大型儲物櫃

對於寸土寸金的小坪數居家，即便樓梯下方也得好好利用才行。但究竟要規劃成什麼樣子？還是端看樓梯位置和使用者需求而定。其中最常見的就是藉由抽屜或門片設計配合梯身形狀規劃成大型抽拉櫃或是儲物櫃，若將臥房規劃在空間下層時，也可能出現書桌、衣櫃甚至是冰箱或酒櫃等，也是可能的方式。（一般樓梯每階高度：18 ～ 20 公分、深度則為 25 公分以上。）

每層樓梯踏階設計成可抽拉的抽屜，能利於收納書本雜物。圖片提供◎構設計

Q.264

室內過道該如何運用成收納空間？

Ⓐ 可改為收納隔間牆

想要利用廊道做收納空間，可以選擇收納隔間牆的方式，將其中一房的隔間牆拆除改以展示櫃做為隔間就能讓走道也同時擁有收納的功能。然而若以櫃子代替隔間牆，雖然可以讓走道變成收納空間，但也會影響到另一房的空間感，這時只要使用25至30公分深度的展示櫃就能滿足走道收納又不會影響空間大小。

雙面式收納牆面能讓走道邊有展示牆，而另一邊可真正收納物件。圖片提供◎構設計

Q.265

空間窄小的牆面可以增加收納機能嗎？

A 運用設計感掛件增添收納功能

誰說空間窄小的牆面就沒有用處？可以在牆面上用可愛的木質圓形掛件以錯落方式置於牆面上，除了可以吊掛外套衣物、帽子配件之外，就連包包也能掛取，另外薄型造型架也能成為牆上最美的風景，各式收納物能使物品收得漂亮，徹底讓零碎空間發揮作用，並使牆面變得更有趣。

造型掛鉤為牆面增添機能與趣味。圖片提供©nest·巢家居

Q.266

夾層空間無法放置衣櫃，要如何收納衣物？

A 以開放層架做成更衣間

如果夾層空間放衣櫃讓空間變得狹窄的話，可善用無櫃門式的開放層架為自己設置更衣室，也可以將臥房規劃至夾層上方，再運用錯層設計的概念在角落規劃更衣室，而因為錯層設計高度受限，更衣室若太深反而不好用，可以延伸平台做成臥榻，還能增加收納及使用機能。

利用開放式層架，可視空間大小選搭最適合需求的收納組合。圖片提供©IKEA

Q.267

希望和室地板下也能設計收納空間，深度和高度要多少才好收？

A 高度 40 ～ 50 公分、深度 50 ～ 60 公分最好收

現代和室常會在和室桌的位置規劃一個下凹空間，不僅讓使用者坐下時雙腳可以更舒適地放在地上，也便利平時桌面收納，因此，和室下方的收納高度，也多會配合人體工學，規劃在 40 ～ 50 公分之間。而寬度和深度的設計則會依收納類型、五金長度而有所限制。一般來說，和室地板的收納設計可分為「抽屜」和「上掀式」兩種收納方法。前者考慮抽櫃五金的長度限制，和使用上的便利性，大多會規劃在 50 ～ 60 公分之間，寬度則依需求而定，後者雖看似不受五金軌道限制大小，但仍需考慮五金和地板結構的安全性和耐重性。

和室下方的收納高度，通常規劃在40～50公分之間。圖片提供◎構設計

空間裝潢 ‖ 櫃體設計 ‖ 收納物件 ‖ 整理心法 &佈置

櫃體設計 篇

衛浴空間需要收納的，往往都是屬於體積較小但常用的物品，只要隨意擺就可能形成視覺上的雜亂，此時，櫃體就成了重要的存在，有限空間中既要高機能，又不能太過笨重龐大，如何打造實用性高的收納空間則是一大考驗。

Q.268

如何拿捏浴櫃的深度尺寸？

A 以面盆大小為主

浴櫃的大小通常取決於自家面盆的尺寸，面盆尺寸約在 48 ～ 62 公分見方。浴櫃則依照面盆大小再向四周延伸，一般深度不超過 65 公分，寬度則沒有限制，多半由空間大小而決定。而設置的高度則需彎腰不覺得過於辛苦，整體高度則約離地78 公分左右。若是長者或小孩，則高度需再降低，建議至 65 ～ 80 公分左右。

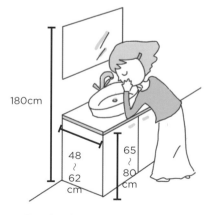

180cm

48
～
62
cm

65
～
80
cm

浴櫃深度需視洗手面盆尺寸而定，長寬則可依空間作規劃。圖片提供◎黃雅方

Q.269

如何讓鏡櫃內收納兼顧美觀實用？

A 上下層物品分類放，好拿又好整理。

浴室內鏡櫃的設計可分為內嵌式及外凸式，裝潢時需考量使用時順手能在鏡櫃取用物品的深度，避免太高或太遠。而鏡櫃門片又分為滑動式和開闔式，鏡箱內則以層板居多，建議上層可放瓶瓶罐罐，手可直接拿取，方便使用層則擺放擠壓式的牙膏、洗面乳等，因為這類物品較易顯得雜亂，放在下方一方面可隨時整理，另一方面也不會一打開門就看到亂七八糟的物品。

鏡櫃內嵌　　　　　　　　　　　鏡櫃外凸

15cm　　60cm　　　　　　　　　　60cm

Q.270

浴室濕氣重，該怎麼挑選板材？

A 發泡板最適合當浴櫃板材

浴櫃材質首重就是防潮防水，除了傳統木櫃之外，發泡板其實更適合做浴櫃設計。 其特徵在於類塑料材質，即使泡水中也不會腐爛，可依需求選用 12mm、15mm、18mm 厚度，越好的發泡板內氣孔越小，較不易彎曲變形。

Q.271

如何降低浴室收納的受潮風險？

A 防潮材質延長收納櫃壽命

浴櫃的收納最怕濕，尤其盥洗面盆下方斗櫃還會有管線問題，所以可選用人造石、鏡面、玻璃、鋁框等防水材質延長使用壽命。下方管線則可使用門片加拉籃方式，與管線做區隔。此外，門片式或抽屜式的設計不僅拿取物品相當便利，相較於對開放櫃型較不易讓內部物件暴露在潮濕的空氣中，且洗手檯面與櫃體的空間，更可有效減少使用洗手檯時濺濕櫃體內部的情形。

浴室中人造石材質抗濕抗潮性更佳，也更為耐久。圖片提供◎福研設計

Q.272

浴室內可作開放式層架嗎？

A 層架最利於拿取瓶罐

當然可以。浴室內常用到的瓶罐，置於開放式層架最利於拿取，也可以將層架間隔收納，少用到的瓶罐物品，才需要有櫃門式的櫃子作收納，以保持空間整體的清爽，若選擇嵌入於牆面的收納層架或櫃體，要特別留意收邊和材質，才能使埋於牆面中的嵌入式設計，達到美觀又好用的功能。

常需取用的物品可置於開放層架，較少使用或怕潮濕物品則可選擇置於櫃子裡。圖片提供©IKEA

Q.273

洗手檯下方的空間要怎麼運用？

A 浴櫃結合洗衣籃，讓浴室空間更寬廣

收集衣物的洗衣籃通常會設置於浴室內，浴後即可隨手丟入換洗衣物，建議可在洗手檯下規劃置放區域，以「下掀」與「可提拿」的方式設計，方便在換洗後帶到洗衣空間清洗，或者也可規劃有輪子的提籃式收納設計，與浴櫃融合為一體，才不會顯得突兀、不美觀。

空間裝潢　　櫃體設計　　收納物件　　整理心法&佈置

Q.274

浴室中的收納與展示如何一氣呵成的設計？

Ⓐ 可滑動鏡面讓收納展示同時具備

突破以往的固定式鏡櫃設計，鏡面加裝軌道後可隨使用需求左右移動，大幅增加使用靈活性，而半開放式的設計則可將平時較凌亂的日用品擋至鏡後，另一半則保留展示陳列的空間，讓空間更有變化與彈性。

Q.275

洗浴空間櫃體要選用怎樣的材質才耐用？

Ⓐ 塑料、玻璃層板最耐用

一般浴櫃的櫃體及門片的材質，多以發泡板及美耐板為主。發泡板能防腐防霉、防水防潮、使用壽命長，質地輕且韌性佳，可塑性強等優點。美耐板為表面貼皮裝飾建材，具有耐磨、耐熱、防水、好清理等特性，因此多見於廚具、衛浴櫃面等處，美耐板在施工時如果沒有作好接縫處理，日後容易有黑邊出現，板面受傷破裂也會有膨脹變型等問題。

此外，塑料、玻璃這類型的材質也適合作為浴室層板，簡潔不易沾染霉菌，抹布即能擦乾清理。

各式浴櫃的介紹及比較

類型	特色	安裝注意事項
落地式	具有櫃腳，通常與面盆搭配安裝，或有一體成型的設計。	注意龍頭的孔徑水管的安裝位置
開放型	櫃體具開放式設計，同時也安裝門片，可視需要靈活運用。	
不對稱型	在造型上採不對稱設計，能型塑獨特設計風格。	
吊櫃	屬於壁掛式的櫃體，可與鏡面相搭配，兼具多樣化功能	安裝時需注意與牆面是否確實結合

Q.276

浴櫃如何設計才能提升機能？

Ⓐ符合使用者尺寸讓收納更好用

不同於化妝檯多是坐著使用，衛浴鏡櫃因為使用時多是以站立的方式進行，鏡櫃的高度也因而隨之提升。櫃面下緣通常多落在 100 ～ 110 公分，符合人體工學，櫃面深度則多設定在 12 ～ 15 公分左右，內部收納內容則以牙膏、牙刷、刮鬍刀、簡易保養品等輕小型物品收納為主。

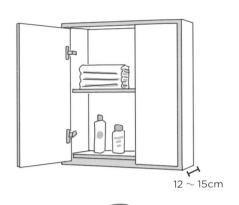

12 ～ 15cm

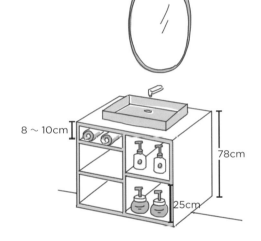

8 ～ 10cm

78cm

25cm

鏡櫃按照一般人體身高設計，較高處宜放少用物品，常用物品則適合放於下方。圖片提供◎黃雅方

Q.277

浴櫃拉門怎麼做才會更好開？

Ⓐ平行門五金讓浴櫃更好開

鏡櫃採用平行門五金，當人站在洗手檯前無需往後退就能開啟使用，且耐用性比鉸鍊來得更好。此外也可順勢利用凹字空間施作浴櫃與洗手檯，並加大鏡櫃尺寸，增加瓶罐的收納。

Q.278

浴櫃內通常該怎麼規劃，收納才方便？

A 檯面深度 60 公分，離地 78 公分最好用

縱觀所有的櫃體設計，一般可作為工作檯面的書桌、流理檯或是浴室檯面，多會建議設計到 60 公分，才是最好使用的深度。雖然如此，浴櫃終究不像流理檯、衣櫃等牽涉許多固定尺寸，到底檯面要做到多大？還是會依照自家臉盆大小，來進行適度調整。而整體高度，則約離地 78 公分左右，方便一家人的使用，另外下方懸空才是好清掃的設計。

配合浴室地板經常需要清洗、潮濕等問題，櫃體最好與地面保持距離。圖片提供◎演拓空間室內設計

Q.279

耐重且防潮的櫃體材質有哪些？

A 塑合板最能符合大眾需求

一般來說，「塑合板」本身具有的防潮、抗霉、耐熱、易清潔、耐刮磨等特性，適合使用在櫥櫃與衛浴等容易濺水與潮濕之處，而耐重則與板材間的跨距有關，一般來說，系統書櫃的板材厚度多規劃在 1.8 ～ 2.5 公分，而木作書櫃如果想增加櫃體耐重性的話，有時會將層板厚度增加到約 2 ～ 4 公分。櫃體跨距部分，系統櫃應在 70 公分內，而木材櫃的板材密度較高，可做到 90 公分以內，但最長不可不超過 120 公分，以免發生層板凹陷的問題。

Q.280

室內窗邊的空間，該如何運用？

Ⓐ 多機能臥榻增加收納功能

縱觀所有的櫃體設計，一般可作為工作檯面的書桌、流理檯或是浴室檯面，多會建議設計到 60 公分，才是最好使用的深度。雖然如此，浴櫃終究不像流理檯、衣櫃等牽涉許多固定尺寸，到底檯面要做到多大？還是會依照自家臉盆大小，來進行適度調整。而整體高度，則約離地 78 公分左右，方便一家人的使用，另外下方懸空才是好清掃的設計。

利用臥榻高低落差設計成適於斜躺倚靠的區域，斜面下方另設計了側開式置物櫃增加置物空間。圖片提供◎構設計

Q.281

半開放式陽台空間中，櫃體要選用怎樣的材質才耐用？

A 角鋼、鍍鉻或松木堅固耐用

由於一般陽台為半開放空間容易風吹日曬，在選用材質時要特別注意選擇防曬、防潮的材料，目前常見的選擇是角鋼、鍍鉻或松木等，都是十分推薦的材質，如果陽台有窗戶，也不妨加上窗簾，除了阻隔熱氣，也能幫木作或電器遮住陽光。

Q.282

掃具該怎麼收納才整齊？

A 運用櫃內活動層板分類收納

由於各種掃除用具大小長度不一，不一定能置放於櫥櫃中，使用完也不一定能乾淨清爽的歸回原處，往往堆在一起最後反而成為家中亂源。一般來說各種長柄型掃具可利用掛勾吊於陽台區域的牆面，或在透風處的掛架統一放置，其它清潔用品可以收納在儲藏室或是陽台收納櫃中，最好不要離掃具區太遠的位置，不論取用或是歸位都能在同一地點，才能達到順手使用的效果。

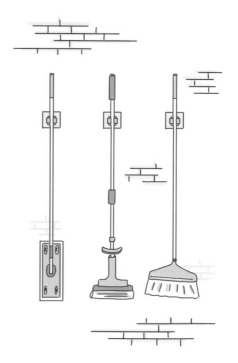

長柄型掃具宜吊掛在通風處統一收整。
圖片提供◎黃雅方

Q.283

走道上的層架如何變成空間內的一道風景？

Ⓐ 開放交錯材質運用讓層架成為空間展示

走道空間較為狹小，能收納的空間有限，可利用牆面增加層板、層架進行展示型的收納，為便於進出行走，層架深度以不超過 20 公分為佳，考量視覺焦距，展示物件也應避免過於巨大。另外，運用開放、封閉交替的收納、展示層架，也能創造不同視覺效果，想展示的收藏品，可以隨意佈置在開放的層架上，不宜曝光的生活雜物，則妥善隱藏於門片中，並透過材質的使用讓走在過道上亦能流連忘返。

富有造型的層架不僅能展示，也能美化牆面空間。
圖片提供◎集品文創

PART 03

收納物件 篇

除了衛浴設備外,有限的空間中每個收納物件都要符合實用、耐用的原則,衛浴品收納也必需以保持通風與乾爽作為重點,才能避免黴菌滋生同時也方便取用。

Q.284

浴室要怎樣才能收納整齊?

A 懸吊、整合手法賦予豐富收納

浴室想要收納收得整齊,那就不能只有一種收納形式,除了層架平放、直立放外,也可以加入吊桿來懸掛毛巾、衣物等,甚至也需要配置擺放收納籃的空間作為放置清洗衣物的地方。

針對於暫時性置放的物品,墊腳凳有時也是個不錯的收納工具。
圖片提供©IKEA

Q.285

如何讓浴廁內物品更好取用？

A 搭配輕型防水收納櫃更好用

如果有寬廣舒適的主臥浴室，建議可以將檯面加長來配置面盆與鏡面，同時也能創造更多桌面提升置物功能或使用區。因為加長檯面，下方可以設計大量浴櫃來滿足收納需求，市面上有販售輕型的活動式櫃體，不僅方便取放，也容易分門別類。

選擇衛浴空間專用的輕型收納櫃，能更有效運用空間。圖片提供©nest 巢・家居

Q.286

夫妻兩人生活用品不同又多時，該怎麼設計才好收？

A 洗手槽和收納櫃一分為二

夫妻間總會有不同的生活用品，例如先生的刮鬍器具與太太的美體用品，若是放在同一櫃中很容易因為忙亂或是錯放而發現問題與爭執。這時可考慮高級飯店的衛浴模式，將洗手槽和收納櫃一分為二，使男女主人都能擁有專屬於自己的私密物品區，不僅化解掉尷尬與紛爭，更為夫妻間保留自我的天地。

如何善用畸零區作收納？

A 邊邊角角都是收納的黃金空間

坪數相對較小的衛浴空間，邊邊角角的畸零區域可以充分運用，像是牆角可增加窄型櫃體收納衛生備品、門後掛架懸掛衣物毛巾、馬桶上方適合防潮封閉櫃體收納書本等，不過記得要選擇衛浴專用櫃才能達到耐潮快乾的效果。浴室收納書籍時，一定要注意防潮問題，除了要乾濕分離外，浴室通風要好，同時要借重除濕排風機，保持空間乾燥。

窄長型櫃體適用於衛浴空間極小角落。
圖片提供©IKEA

需要保持乾燥的衛生用品該怎麼收？

A 內嵌壁面防濕且省空間

衛生紙雖然體積不大，但是是浴廁必需品，要好用又得防潮，除了常見放置位置如馬桶水箱上、外凸的捲式衛生紙架內嵌壁面設計，不僅不怕撞到受傷，更順手好用，但要記得事先定位馬桶與凹洞相對應位置，才能達到最佳效果。而吊掛的衛生紙架，尺寸適合平版衛生紙，若把整包抽取式衛生紙擺在檯面，難看也不順手。因此不妨借用浴櫃的側邊打造收納衛生紙的凹槽，裡頭還可存放兩、三包當備品呢！

Q.289

備用的盥洗用品該怎麼收？

A 浴櫃或是浴室相鄰的櫃子裡

一般使用中的盥洗用品，利用簡單的
鏡櫃或下方收納櫃就能輕鬆隱藏，但
備品則通常因為體積大、數量多，可
選擇與浴室相鄰的櫃體存放，不占浴
室內的空間，萬一要臨時取用也比較
方便。

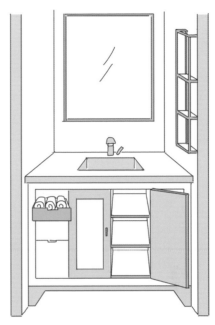

空間有限的情況下，面盆下方的收納櫃最
便於收納各式備品。圖片提供◎黃雅方

Q.290

小朋友的洗澡玩具要怎麼收納？

A 以洗衣網收納夾在橫桿上

可以將玩具放到洗衣網後，用不鏽鋼絲夾掛在橫桿上面，這樣就可以在瀝乾玩
具的同時達到收納的效果。洗衣網的開口很大，所以好處就是小朋友玩完玩具
後自己可以很輕鬆地將玩具收回去，洗衣網本身也沒有稜角，所以十分安全。

Q.291

常備藥品該收納在浴室嗎？

Ⓐ 確認濕度後放於浴櫃的抽屜方便拿取

一般來說因為浴室濕氣高，非必要的話還是將藥品放置其它地方較為適合。而如果一定要放的話，放水槽附近的抽屜較方便使用，先確認過濕度沒問題後，便可以定位於此。抽屜內則用檔案盒分門別類，可以讓人一目了然快速找到想要的物品。

Q.292

腳踏車該怎麼收納？

Ⓐ 直立式與壁掛式車架成為空間焦點

考量出入的便利性，室內放置單車的位置離出入的大門口愈近愈理想，像是玄關處，或是陽台與大門合併的區域等等，如果你擁有很多台單車，直立式的停車架最適合你，也可以運用家中的牆壁作懸吊，例如：玄關或客廳。擺上你最喜愛的單車，讓它成為你生活中的一部分，是收納也是展示。

懸吊式的收納設計，需要估算好掛鉤所需深度。圖片提供◎大秝設計

BATHROOM & OTHERS

PART 04

整理心法 篇

衛浴空間可說是家中濕度最高的區域，也是物品最易發黴、弄髒的地方，特別是各式清潔用品等需考量避免潮濕的問題，最好能選用吊掛式的收納架，物品的擺放也要以順手使用為最高原則。

Q.293

浴用品如何長時間維持整齊？

Ａ 活用牆面並作好分隔

各種零散的沐浴用品、洗浴小物甚至是清潔用品，可以利用牆面作分隔型的收納，這些常用的所有物品都要以聚集在視線範圍內為原則，分門別類集中收整，為避免水氣殘留，務必要「不落地」的做收納。不論吊掛式隔櫃、鏤空收納架、收納籃甚至透明文具收納盒等，都可以是幫助物品作分類區隔的輔助小物。

Q.294

浴室中常用的瓶罐要如何整理？

A 存放浴櫃下方隨時可取

每天會用到的盥洗用具可收納於鏡箱中，而存放用的衛生紙或沐浴乳、洗髮精、甚至毛巾、浴巾等，因為不需要經常拿取使用，則可擺到位於下方的浴櫃，偶爾彎腰、蹲下拿取即可。

Q.295

需經常使用的毛巾怎麼收納最方便拿取？

A 毛巾放置使用順手的動線上

毛巾類可按照使用用途分類，置放於使用順手的動線處，再搭配浴巾架和毛巾架等五金，例如擦手毛巾可掛在臉盆旁，浴巾則可吊掛在靠近淋浴區的地方，毛巾或浴巾架除了收納之外，也能當作扶手使用，提高浴室的安全性。如果覺得毛巾的顏色、材質與浴室不搭，或不想讓毛巾外露，也可運用將毛巾籃隱藏於櫃中的設計，將使用過的毛巾直接放入籃中。

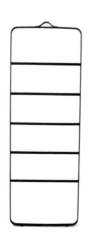

斜搭式收納架輕薄的金屬材質能大大減少一般櫃體的沉重感，半濕待乾的浴巾、毛巾適合搭在此處。圖片提供◎集品文創

Q.296

浴室的打掃用品該如何收？

A 吊掛式打掃用具方便風乾

因為打掃工具使用完後需要先晾乾，建議使用吊掛式收納浴室使用的刷子和海綿、浴室刮刀等物品。只要在毛巾架裝上掛鉤吊起來收納，就能自然風乾也比較衛生。等全乾後再收至浴櫃下方。

Q.297

容易卡在一起的衣架要怎麼收納？

A 運用檔案盒收納衣架

將檔案盒倒放就可以用來整齊收納衣架。而也因為衣架直立擺放就不會到處四散，也能很輕鬆的取出需要的數量。另外只要使用同一種款式的衣架，整體看起來就會很清爽。

Q.298

家人共用的日用品，要怎麼收納才不會經常下落不明？

A 抽屜收納盒外以標籤標示

建議可充分運用抽屜式收納盒來分別收納物品。再使用標籤確實的將像是「筆、剪刀、膠水」、「指甲刀、溫度計」等物品標示出來，這樣家人也就不會找不到物品，也會知道東西該放回哪裡。而想要整齊的話，只要擺出嚴選使用的物品就好。

Q.299

陽台該怎麼整理才不顯凌亂？

A 兩大核心區域集中擺放

單純的陽台只要擺了冷氣機、熱水器、洗衣機等家電，所剩的空間就不多，細長型的陽台可靈活使用牆面，以層板或掛勾作吊掛收納，一般陽台最便於利用的就是【洗衣機上方】和【採光罩檯面】。洗衣機上方可釘吊桿、層板或是加裝組合櫃收納洗衣精等瓶瓶罐罐的清潔品；採光罩檯面也可以有收納置物的空間，此外晒衣架可選用伸縮式，讓衣服儘量吊高，下方空間才能更寬廣。

Q.300

有沒有省坪效又實用的收納技巧？

A 坪數小又想收得好就是要了解尺寸

如果要懂省坪效的收納最重要的就是了解自己東西有多少，怎麼收納才能不浪費，而在訂作或是任何收納櫃之前，要先清點自身的物品清單，再去測量各物品的長寬高，才能精準地做出符合需求的櫃子，有助於提升收納效率。例如在訂製鞋櫃時，深度預留 40 公分即可，高度則依照每人的需求不同，應大約測量自身鞋子的高度，來評估櫃子需做多高才恰當。

將少用的物品集中統一收納，只要貼上標籤就不怕找不到，東西少了自然能提升坪效。圖片提供©IKEA

保持衛浴空間清爽整齊的關鍵重點

小小一間衛浴空間中由於進行的動作與「水」息息相關，因此快速拿取與收整、保持乾爽就成了收納考量的最大原則，如何在為數眾多且體積小的瓶瓶罐罐中達到快速拿取，在這裡可將物件按照用途分成「讓身體變乾淨的物品」、「讓家裡變乾淨的物品」、「其它備品」來作分類。

第 1 類、讓身體變乾淨的物品

通常也是最繁雜的類別，依洗臉台、浴缸周邊或淋浴間兩大區塊作分類，洗臉台鏡子周邊最方便拿取，要以臉、手部清潔保養品為主。浴缸周邊或淋浴間的物品以洗浴清潔用品為主，各種瓶罐品的收納籃、架也要選用能防水抗潮的材質。

第 2 類、讓家裡變乾淨的物品

由於重要性居次，放置的位置可以在洗臉台下方，或是其它高櫃中，甚至可以放在打掃具的附近櫃體，易於一次性的拿取。

第 3 類、其它備品包括各種試用品、備用洗浴品等

同樣可以收整在洗臉台下方，至於備用毛巾、衛生紙等，可以獨立放在專屬的櫃體中，如果空間不允許，也應該置於距離浴室最近的區域。

浴室中的物品收納一定要「離地置放」才能保持通風、避免潮濕。圖片提供
©IKEA

要怎麼收納，先要怎麼丟

日本知名作家山下英子曾說：「生活的庫存，就是人生的負債」作為居家整理邏輯課的最終章節，我們必須強調，「丟棄」決定了日後收整的省力費力程度，如果在收納整理前就能建立好丟棄的原則，就不需要為了「其實用不著」的物品大傷腦筋。

諮詢顧問／居家整聊室講師林筱婉

決定物品的必丟指數

可以準備幾個紙箱，用必丟指數進行分類。但東西的丟棄與否其實在日常生活中就可以作評估，養成讓物品消失的習慣。

必丟指數★★★★★	損壞、髒污不可能復原的東西	直接丟棄
必丟指數★★★★	確定不會再用到的東西	丟棄、送人、回收
必丟指數★★★	自己都忘了的東西	送人、回收、轉賣
必丟指數★★	就算沒有也無所謂的東西	猶預期限內決定
必丟指數★	丟了怕有所後悔的東西	進行 5 秒評估

物品的 5 秒評估術

手機設定 5 秒，在 5 秒內決定是否該丟，如果答案清楚為「NO，不該丟」那麼就再回歸它該放置的位置；如果答案清楚為「Yes，該丟」那麼可以直接捨去；如果過了時間都無法決定，就成了「就算沒有也無所謂的東西」，這個時候可以集中起來，丟進「猶豫箱」設定一個猶豫期。

猶豫箱管理

猶豫箱的設置是為了給自己也給物品一個緩衝期，至於該猶豫多久，建議三天至一週為最佳，畢竟捨棄或歸位之後，你的整理工夫才算真正完結，拖得太久最後只是多了一箱雜物，失去了整理的意義。

168 整理法則

到底要丟到什麼程度呢？居家整聊室講師林筱婉説，物品的整理需要嚴守「168整理法則」，1 就是怦然心動的收納專屬位置，6 是看得見的收納擺放 6 分滿，8 則代表封閉櫃內保持 8 分滿，如此讓空間留些餘地，少了擁擠室內自然能感覺舒適。

收納專家諮詢名單

Lily Otani

旅居日本靜岡縣小鎮的台灣人妻，在這純樸的地方尋找著嚮往的慢活，簡單的生活中發掘更多的美好事物。以一名主婦的觀點認真過生活的紀錄，同時也是邀請日本陶藝家來台的策展人，台灣 Aqours Gallery 店主。

FB: 日式簡單生活 https://www.facebook.com/lilyotani928/
IG: @lily.inst https://www.instagram.com/lily.inst/
Aqours 官網 www.aqours.com.tw
Aqours Life 官網 http://www.aqourslife.com/

布蘭達 &
極簡維尼

● 從瘋狂購物者到極簡主義者 / 從買房族到數位游牧民族 / 水瓶座外星人
● 職業是極簡整理師 / 整理師個人品牌培訓講師 / WIX 網站設計師 & 課程講師 / YouTuber
● 生活哲學是「體驗生活、活在當下」
brenda-winnie.com

收納幸福 -
廖心筠

擁有日本 JALO 一級認證的整理規劃師，目前擔任中華收納整理推廣協會理事長，同時也是收納幸福創辦人，是台灣第一位收納教學專家，教你正視環境，進而改變人生。著有《收納幸福到你家》、《從家開始的美好人生整理》
臉書：收納幸福 – 廖心筠
https://www.facebook.com/kadatsuke/?ref=bookmarks
官方 LINE@zdz5710r

居家整聊室

如果說「居家整聊室」是美好生活選項的推動者，「居家整聊師」就是台灣 2300 萬居家最前線的實踐者！每次收到顧客生活品質改善的回饋時，都讓我們更深信「美好的生活選項一直都在，而且人人都可以擁有。」
https://www.tidyman.tw/wonderfullife
tidymanservice@gmail.com

設計師及相關單位諮詢名單

IKEA	IKEA@jetgo.com.tw	02-8069-9005
一它設計	itdesign0510@gmail.com	03-733-3294
大秝設計	talidesign3850@gmail.com	04-2260-6562
大晴設計	cleardesigntw@gmail.com	02-8712-8911
大湖森林室內設計	lake_forest@so-net.net.tw	02-2633-2700
方構制作	fungodesign@gmail.com	02-2795-5231
北鷗室內設計	fish830@gmail.com	02-2245-7808
禾光室內裝修設計	herguangdesign@gmail.com	02-2745-5186
均漢設計	kpluscdesign@gmail.com	02-2599-1377
奇逸空間設計	free.design@msa.hinet.net	02-2755-7255
明代設計	ming.day@msa.hinet.net	02-2578-8730
nest 巢・家居	http://www.nestcollection.tw	0800-058-817
敘研設計	ctchen.dsen@gmail.com	02-2550-5160
翎格設計	service@ringo-design.com	02-2577-1891
集品文創	http://designbutik.com.tw/	02-2763-7388
構設計	madegodesign@gmail.com	02-8913-7522
演拓空間室內設計	ted@interplaydesign.net	02-2766-2589
福研設計	happystudio@happystudio.com.tw	02-2703-0303
維度設計	service.didkh@gmail.com	07-231-6633
摩登雅舍室內設計	vivian.intw@msa.hinet.net	02-2234-7886
樂創設計	lechuang701@gmail.com	04-2623-4567
穆豐空間設計	moodfun.interior@gmail.com	02-2958-1180
築青室內設計	arching168@seed.net.tw	04-2251-0303
優士盟整合設計	jessy@p-usm.com	02-2321-7999
馥閣設計	po@fuge.tw	02-2325-5019
觀林設計	kldesign@kldesign.com.tw	02-2545-0101

國家圖書館出版品預行編目資料

居家收納設計全解 300QA: 動線規劃 x 櫃體配
置 x 家事整理 6 大空間激效收納術 / 漂亮家居
編輯部著 . -- 一版 . -- 臺北市：麥浩斯出版：家
庭傳媒城邦分公司發行，2018.12
　　面；　公分 . -- (Solution；114)
ISBN 978-986-408-439-5(平裝)
1. 家庭佈置 2. 空間設計
422.5　　　　　　　　　　　107018339

Solution114

居家收納設計全解300QA
動線規劃x櫃體配置x家事整理 6大空間激效收納術

作者	漂亮家居編輯部
責任編輯	施文珍
採訪編輯	TINA、張景威、施文珍、高寶蓉
專業攝影	Amily、Yvonne
插畫繪圖	黃雅方
美術設計	鄭若誼
美術編輯	鄭若誼、王彥蘋、楊雅屏
行銷	廖鳳鈴、陳冠瑜

發行人	何飛鵬
總經理	李淑霞
社長	林孟葦
總編輯	張麗寶
副總編輯	楊宜倩
叢書主編	許嘉芬

出版　　　城邦文化事業股份有限公司 麥浩斯出版
　　　　　地址：104 台北市中山區民生東路二段 141 號 8 樓
　　　　　電話：02-2500-7578
　　　　　傳真：02-2500-1916
　　　　　E-mail：cs@myhomelife.com.tw

發行　　　英屬蓋曼群島商家庭傳媒股份有限公司城邦分公司
　　　　　地址：104 台北市中山區民生東路二段 141 號 2 樓
　　　　　讀者服務專線：02-2500-7397；0800-033-866
　　　　　讀者服務傳真：02-2578-9337
　　　　　訂購專線：0800-020-299 (週一至週五上午 09:30 ～ 12:00；下午 13:30 ～ 17:00)
　　　　　劃撥帳號：1983-3516　戶名：英屬蓋曼群島商家庭傳媒股份有限公司城邦分公司

香港發行　城邦 (香港) 出版集團有限公司
　　　　　地址：香港灣仔駱克道 193 號東超商業中心 1 樓
　　　　　電話：852-2508-6231
　　　　　傳真：852-2578-9337
　　　　　電子信箱　hkcite@biznetvigator.com

馬新發行　城邦 (馬新) 出版集團
　　　　　地址：Cite (M) Sdn.Bhd. (458372U)
　　　　　11,Jalan 30D ／ 146, Desa Tasik, Sungai Besi,
　　　　　57000 Kuala Lumpur, Malaysia.

　　　　　電話：(603) 9056-2266
　　　　　傳真：(603) 9056-8822

製版印刷　凱林彩印股份有限公司
　　　　　版次：2018 年 12 月初版一刷

定價：新台幣 399 元
Printed in Taiwan
著作權所有 · 翻印必究
ISBN 978-986-408-439-5